U0180711

海量射电天文观测数据的存储与处理研究

石聪明 著

科学技术文献出版社
SCIENTIFIC AND TECHNICAL DOCUMENTATION PRESS
·北京·

图书在版编目（CIP）数据

海量射电天文观测数据的存储与处理研究 / 石聪明著. —北京：科学技术文献出版社，2022. 8

ISBN 978-7-5189-9174-7

Ⅰ. ①海… Ⅱ. ①石… Ⅲ. ①射电天文学—天文观测—数据存贮—研究 ②射电天文学—天文观测—数据处理—研究 Ⅳ. ① TP333 ② TP274

中国版本图书馆 CIP 数据核字（2022）第 080079 号

海量射电天文观测数据的存储与处理研究

策划编辑：张　丹　　责任编辑：韩　晶　　责任校对：王瑞瑞　　责任出版：张志平

出 版 者　科学技术文献出版社
地　　址　北京市复兴路15号　邮编　100038
编 务 部　（010）58882938，58882087（传真）
发 行 部　（010）58882868，58882870（传真）
邮 购 部　（010）58882873
官方网址　www.stdp.com.cn
发 行 者　科学技术文献出版社发行　全国各地新华书店经销
印 刷 者　北京虎彩文化传播有限公司
版　　次　2022 年 8 月第 1 版　2022 年 8 月第 1 次印刷
开　　本　710 × 1000　1/16
字　　数　150千
印　　张　9.5
书　　号　ISBN 978-7-5189-9174-7
定　　价　39.00元

版权所有　违法必究

购买本社图书，凡字迹不清、缺页、倒页、脱页者，本社发行部负责调换

前　言

随着科学技术的快速发展，人类社会信息化程度不断提高，大数据带来的深刻影响和巨大价值逐渐为人类社会所认识，让我们以全新的视野来看待世界的同时，全方位地改变了我们的生活、工作和思维模式，更为科学研究带来重大的机遇。

信息管理及相关学科是大数据技术发展的核心，重点研究与解决大数据时代中的数据采集、传输、存储/归档、检索、处理、分析、挖掘、发布及应用等一系列关键问题。近几十年来，随着新一代天文望远镜的不断涌现，天文学进入大数据时代，天文观测所获得的数据成为人类社会最大的数据源之一。天文学科与信息学科不断融合、相互促进，逐渐发展成为一个新兴的前沿交叉学科——天文信息学。

本书充分应用信息管理及相关学科知识，根据当前天文海量数据管理中存在的关键问题，重点开展存储与检索、传输、归档3个方面的关键技术研究。最后，以两个射电望远镜的数据管理为例[明安图射电频谱日像仪(MUSER)和平方公里阵列(SKA)射电望远镜]，通过数据仿真、实例化测试、性能对比、理论分析来验证本书相关内容的正确性。具体说明如下：

①针对海量射电天文观测数据记录的高效存储与检索需求，基于观测数据具有固定的采样间隔和固定数量的连续观测数据记录按序存放在文件中的时序数据特征，本书提出了一种以集合中的补集思想为核心的面向时序数据的数据库系统，即负数据库系统。负

数据库系统将文件中存在记录及首尾记录之间丢失记录的元数据信息视为全集，把文件中首尾记录之间丢失记录的元数据信息看成补集，通过补集构建出来的文件逻辑结构关系，能够推导出文件中存在记录的元数据信息。本书给出完整的形式化定义及严格的理论证明。实测结果表明：在记录入库、数据检索及要入库的记录数方面，负数据库系统比需要存储文件中所有存在记录的元数据信息的常用数据管理系统分别快 18.8 倍、快 1.5～6.9 倍及减少 $(N-2)/N\times100\%$（N 指文件中的固定记录数）。进而说明，负数据库系统能够在大幅降低存储开销和记录数的同时提供较高的检索性能。

②针对海量射电天文观测数据的跨区域高速传输需求，本书提出带状态检测和重传功能的两路异步消息传输模型——高效消息传输模型。该模型是指用两路异步消息传输来分别单向高速传输数据消息和反馈消息，通过超时重传来确保数据消息送达接收方，以及通过实时状态检测来决定是否继续向接收方发送消息。该模型能够克服当前很多远程数据传输技术都使用的出错重传方法存在的需要等待对端反馈消息而降低数据消息传输效率的不足。基于高效消息传输模型实现了一套高效数据传输系统，该系统的性能测试结果表明：在传输文件为数百 kB 时，该系统获得的平均传输速度比现有系统快将近 40 倍；同时，在数百 MB 这个量级和使用较少的并发数时，该系统获得的平均传输速度达到 1172 MB/s（该速度基本上实现了 10 Gb/s 网络带宽的满负载），比现有系统快将近 3.4 倍。进而说明，实现的高效数据传输系统有效地提高了数据传输性能，缩短了数据传输时间。

③针对海量射电天文观测数据在进行高可靠性归档时尽可能降低数据冗余的需求，本书提出基于纠删码的归档模型——低冗余归档模型。该模型是指将纠删码技术集成到带状态检测和重传功

能的两路异步消息传输模型中的数据消息接收方而形成的归档模型。该模型能够克服现有系统使用副本技术归档时存在的高数据冗余的不足。基于低冗余归档模型和RS(4,2)算法实现了一套低冗余归档系统，该系统的性能测试结果表明：在相同的实验环境下，该系统获得的平均异地归档速度是现有系统未启用3副本策略时的1.4倍，且只需要增加50%的额外存储开销就能达到基于3副本策略时需要200%的额外存储开销才能达到的数据可靠性；并发数和HWM是该系统调优的关键参数。进而说明，实现的低冗余归档系统具有较高的归档速度，能以较低的数据冗余获得较高的数据可靠性。

综上所述，本书立足学科交叉，面向天文数据管理需求，应用信息学科知识来解决天文海量数据管理中的高效存储与检索、高速数据传输及归档难题。为天文海量数据管理解决了部分关键问题，这在一定程度上有利于提升天文海量数据管理的总体功能。研究成果也为有类似数据管理需求的应用领域提供了参考，具有一定的理论价值和工程应用价值。

目 录

第一章　绪　　论

1.1　研究背景

随着信息与通信技术的高速发展，人类社会信息化程度不断提高，进而使人类社会全面进入大数据时代。大数据是继云计算、物联网之后的又一次大的技术变革，给人类社会带来了深刻影响和巨大价值。大数据时代让我们以全新的视野来看待世界的同时，全方位地改变了我们的生活、工作和思维模式，更为科学研究带来重大的机遇。

1.1.1　大数据时代的信息管理

信息管理与信息系统起源于20世纪60年代的美国，它是一门集信息技术、管理科学与系统科学于一体、实践性和创新性很强的交叉学科[1-4]。它是通过学习信息技术、管理科学、系统科学等学科知识，通过信息技术对海量的数据进行收集、加工和处理，使之成为有用的信息，然后通过统计学原理、运筹学方法等对信息进行过滤和分析进而形成知识，最终目的就是运用所获取的知识来做出正确的决策[5]。

信息管理及相关学科是大数据技术发展的核心。大数据技术为信息管理带来了机遇，对传统的信息管理提出了挑战，具体体现在以下几个方面。

(1)信息管理中采集、传输、存储/归档、检索、处理、分析、挖掘、发布的数据对象不仅数据量大和种类多，而且数据结构发生了极大的改变，大量的数据不是以二维表的规范结构存储，而是以半结构化和非结构化的形式存储。

(2)需要信息管理的数据对象，不但在规模上急剧扩大，而且数据类型更趋复杂，为了使信息管理中的数据采集技术、传输技术、存储/归档技术、检索技术、处理技术、分析技术、挖掘技术、发布技术及应用技术等一系列技术，能够适应大数据时代对信息管理的应用需求，需要信息管理相关的理论、方法及技术进一步发展和完善。

(3)依据大数据进行决策，从数据中获取价值，让数据主导决策，这是一种前所未有的决策方式，它推动着人类社会信息管理准则的重定位。随着大数据挖掘分析和预测性分析对管理决策影响力的逐渐加大，传统的依靠直觉做决策的状况将会彻底改变。例如，Hadoop、Spark、SQL Server 等都已经应用于海量数据的挖掘和分析工作，这将会为公司、科研院所、政府部门等的决策提供有价值的数据信息。

与人们密切相关的各行各业都在应用大数据技术、大数据思维来创新信息管理模式、转变信息管理理念、发展信息管理技术和优化信息管理流程，进一步加强信息收集、整合、利用，建立和完善信息搜索、信息共享、建模分析、综合研判，产生自动辅助决策等功能。

1.1.2 天文大数据时代对信息管理的需求

天文学是最古老的科学之一，从古至今，天文学的发展都和信息管理与信息系统息息相关。大数据时代的到来，促使天文学产生了更多的信息管理与信息系统需求[6-10]。

20 世纪之前的天文学主要通过中小型光学望远镜或肉眼来观测星空，人们使用纸等存储介质来收集、存储与传播这一时期天文学产生的观测数据和知识，信息管理的方法以手工为主[11]。近几十年来，随着新型探测器的出现、射电望远镜[12]的问世及空间技术的发展，新一代天文望远镜，如斯隆数字巡天(SDSS)项目、阿塔卡马大型毫米波/亚毫米波阵列(ALMA)等，如雨后春笋般不断涌现。这些大型望远镜在最近十几年产生的数据量从 TB 量级直接跨入 PB 量级，甚至 EB 量级[13]。天文观测数据量的急剧增长，使以观测为基础的天文学步入了大数据时代或数据密集型时代[14-17]，天文观测所获得的数据成为人类社会最大的数据源之一。

天文学进入数据密集型时代给天文学研究带来了海量观测数据财富的同时也带来了诸多方面的巨大挑战。海量而复杂的图像、光谱、星表等数据就像一个深邃的数字宇宙，为天文学家提供了广阔的挖掘空间，使天文学成为一门数据驱动的科学[18]。但是在数据密集型时代，数据量每年增长一倍[19]而计算能力按照摩尔定律每 18 个月增长一倍[20]和 I/O 带宽每年增长 10%，导致数据访问、数据分析及提取和吸取知识的能力越来越弱。同时海量天文观测数据的共享使不同波段、时刻、空间尺度的数据需要融合，这将会把这些挑战提升到一个新高度。

正是在这种背景下，天文学科与信息学科不断融合与相互促进，逐渐发展成为一个新兴的前沿交叉学科——天文信息学。天文信息学旨在为天文学、信息学及计算机技术起到桥梁和纽带的作用，迫切需要借鉴信息管理与信息系统中先进的理论、方法及技术来服务于天文学研究。天文信息学代表了数据密集型时代天文学科学研究的一种新模式。它涵盖一系列内在相互关联的领域，包括数据组织、数据描述、数据挖掘、机器学习、可视化、天文统计学等。它研究的内容包括数据模型、数据转换和归一化方法、索引技术、信息提取和整合方法、知识发现方法、基于内容和语境的信息呈现、分类学等[17,21-22]。这些技术和方法为海量数据环境下开展数据挖掘、信息提取和融合、知识发现提供了条件。

1.1.3 天文大数据处理面临的问题与困难

大型望远镜观测设备往往会产生海量的观测数据。例如，500 米口径球面射电望远镜(FAST)每年产生将近 1.5 PB 的观测数据[23]；MUSER[24]每年产生将近 1.2 PB 的观测数据；“天籁计划”大型射电干涉阵列二期 1000 个天线每秒产生 3.2 TB 的观测数据[25]；SKA 在 SKA1 阶段需要归档的科学数据每年新增 50～300 PB，到了 SKA2 阶段，每年新增的需要归档的科学数据将是 SKA1 阶段的 100 倍[26]。天文观测数据在未来的时间里仍受摩尔定律的影响，增长速度还会更快，规模还会更大[27]。

针对天文数据的采集、传输、存储/归档、检索、处理、分析、挖掘、展现、发布等科研活动环节，在数据量不断增大、数据越来越复杂的大数据时代，传统的信息(数据)管理方法已不再满足天文学研究的需求。要想充分挖掘天文大数据蕴含的科学价值，需要信息管理与信息系统在数据存储、管理、检索、分析、计算等方面突破一系列关键技术屏障，进而解决天文学在数据密集型时代或大数据时代面临的挑战。

图 1.1 为大型天文望远镜数据流示意。通过具有高时间分辨率的数据采集设备采集观测数据(时间序列数据)，将采集的观测数据存储到观测站数据

中心；通过数据传输系统将观测站数据中心存储的海量观测数据全部或部分传输到远端/异地的天文台/区域数据中心；通过数据归档系统对接收到的海量观测数据进行存储/归档；通过数据库系统的检索功能获得数据中心符合检索条件的观测数据，然后通过数据处理系统对获得的观测数据进行处理，得到星表、星图、光谱等后期处理数据；通过数据分析系统或数据挖掘系统对处理后的数据进行分析和挖掘，然后将得到的有用信息通过数据发布系统进行发布。

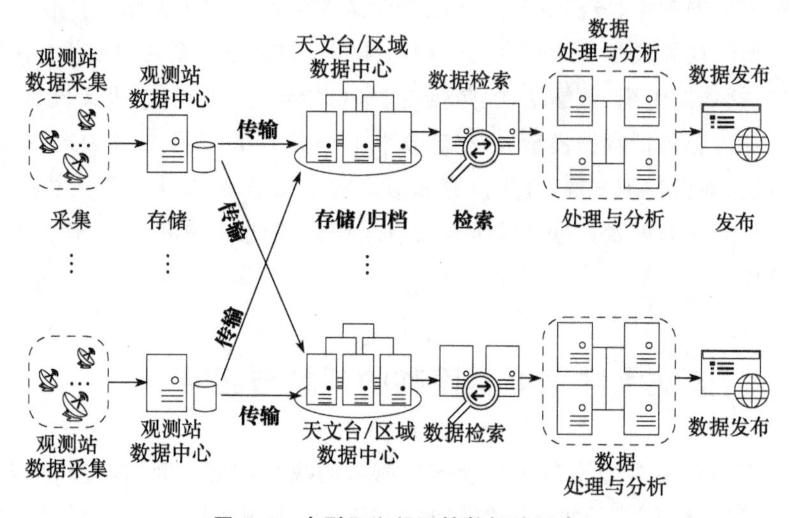

图 1.1　大型天文望远镜数据流示意

显而易见，大型天文望远镜观测产生的海量观测数据在为天文学研究带来新希望的同时，也因为天文海量观测数据具有的高维性、空间性、多尺度、时序性、带误差、高分辨率等特点给天文数据管理在数据的采集、传输、存储/归档、检索、处理、分析、挖掘、发布、应用等方面带来了挑战。

同样，天文学在天文大数据时代中面临的这些挑战也是信息管理与信息系统学科在其他应用领域中面临的共性问题[28-34]。

在建或计划建造的大型射电望远镜（如“天籁计划”大型射电干涉阵列[25]、SKA[26]、QTT[35]）常建在电磁污染较少的沙漠或其他偏远地区，且它们往往产生海量的观测数据，那么在这种情况下，大型射电望远镜的现场数据存储能力和处理能力非常有限，特别是电源功耗受到非常大的制约。因此，在这样的环境下，对采集到的海量射电天文观测数据进行数据管理时就不得不面临一些问题，如以下几点。

(1)在数据传输方面。像 SKA1 的低频阵列将会以 10 Pb/s 的速度来产生世界上最大的数据流,这个数据流将远远超过全球互联网流量,同时根据 SKA 数据流设计,其在第一阶段建设期间需要每年传输到区域数据中心进行深入分析的科学数据量将达到 600 PB[36]。虽然当前很多远程数据传输技术中都使用的出错重传方法能够保证传输到远端的数据有序到达[37-39],且基于该方法的数据传输系统易于实现,但是该方法存在需要等待对端反馈消息而降低数据消息传输效率的不足。由于当前天文领域中常用的数据传输归档系统(NGAS①)使用的也是出错重传方法[40-41],因此它面临如何优化现有数据传输系统或现有数据传输系统所用的消息传输模型,才能使产生的海量观测数据从观测站数据中心高速远程传输到天文台/区域数据中心,即面临着海量观测数据跨区域高速传输的问题。

(2)在数据存储/归档方面。对于每年都会新增数百 PB 要归档观测数据的大型射电望远镜来说(1 PB=1024 TB、1 TB=1024 GB、1 GB=1024 MB),通用的使用副本技术来归档的归档系统将会带来数倍的额外存储开销[42-43]。这笔巨大的存储开销,将会导致基于副本技术的归档系统/方案对于产生海量数据的大型射电望远镜的归档是不切实际的[44]。它面临如何优化现有存储/归档系统中使用的提供高可靠性的数据冗余技术或实现/提出新的低冗余归档系统/模型,才能满足天文台/区域数据中心能够以较低的数据冗余为接收到的海量数据提供高可靠性归档的需求,即面临着海量观测数据的低冗余存储/归档的问题。

(3)在数据存储与检索方面。像 QTT[35] 这类具有微秒超高时间分辨率甚至 SKA[45] 这类具有纳秒超高时间分辨率的在建的新型射电望远镜每秒将产生约百万甚至十亿条观测数据,即每年将产生一亿亿甚至数百亿亿条观测数据。虽然当前以每条观测数据为管理对象的常用数据管理方法能够为其所管理的较小规模的天文观测数据提供高效的数据检索功能,如 NVST 基于常用数据管理方法实现的数据归档系统能够为其每年新增的近数千万条观测数据提供高性能的检索[46],但是由于常用数据管理方法以单一观测数据为管理对象,导致其忽略观测数据所具有的时序数据特征:观测数据具有固定的采样间隔(时间分辨率)和若干观测数据记录以文件的形式进行存储。该缺点将使其在管理大型射电望远镜每年产生的一亿亿甚至数百亿亿条观测数据时,产

① https://github.com/ICRAR/ngas。

生的元数据信息记录数也会达到一亿亿甚至数百亿亿条。这将导致常用数据管理方法为了能够支撑记录数如此巨大的元数据信息的检索性能，必然需要对数据库进行分库或分表，然后以分布式或并行的方式来提高数据检索性能[47]，以及购置读写速度更快的存储设备来提高数据检索性能，这必然会增加巨大的成本。因此，它面临如何对数据中心存储/归档的观测数据文件中存在的元数据信息进行更加合理的组织、存储，才能满足后续数据处理、分析等子系统对这类每年新增将近一亿亿甚至数百亿亿条观测数据的高性能检索需求，即面临着海量观测数据的高性能存储与检索的问题。

上面罗列出来的是天文学在天文大数据时代面临的若干天文海量数据管理问题中的3个问题，是本书立论的核心。本书重点在图1.1用加粗字标注的地方，开展上述3个方面的相关关键技术研究。

1.2 研究意义及价值

期望通过对作为大数据时代人类社会最大数据源之一的天文观测数据面临的上述3个关键问题的研究，来重点开展信息管理与信息系统中的信息管理在大数据时代面临的传输、归档、存储与检索这3个方面的关键技术研究。对于在这3个方面开展研究的意义及价值，分3点来具体介绍。

(1)在数据传输方面，针对天文海量数据管理领域中现有数据传输方法/系统存在需要等待对端反馈消息而降低数据消息传输效率的不足，提出一种高效消息传输模型并基于该模型实现一套高效数据传输系统，这对保证海量射电天文观测数据能够快速有效地传输到对应的天文台/区域数据中心无疑具有十分重要的意义。

(2)在数据归档方面，针对天文海量数据管理领域中现有归档方法/系统采用能够提高数据可靠性、可用性的多副本技术而需要数倍额外存储开销的不足，提出一种低冗余归档模型并基于该模型实现一套低冗余归档系统。新系统将以较少的数据冗余投入，使海量射电天文观测数据获得较高的数据可靠性，这将会大大降低天文台/区域数据中心归档海量射电天文观测数据所需的额外存储开销，对提高科研经费的投入产出比具有非常重要的意义。

(3)在数据存储与检索方面，针对常用数据管理方法在管理海量射电天文观测数据时仍以单一观测数据为管理对象，导致其忽略观测数据所具有的时序数据特征，提出一种以文件逻辑关系为管理对象的数据管理方法，即以集合中的补集思想为核心的面向时序数据的负数据库系统。其能够在大大降低所需存储记录数及所需存储开销的情况下，仍能提供较高的数据检索性能。其将会保证实现的数据库管理系统具有较高的数据检索性能，同时会降低数据库管理人员的维护工作难度，以及降低使用非负数据库系统时需要通过购买性能更优的软硬件来提高数据检索性能所需的成本开销。

1.3 国内外研究现状

结合本书的研究重点，以下从海量数据的存储、海量数据的处理、海量数据的传输及存储/归档系统中的数据冗余技术这几个方面对国内外研究现状进行调研。

1.3.1 海量数据的存储

由于数据量的快速增长，整体来看，单机已经完全没有办法满足海量数据的存储要求，采用分布式存储方式是当前唯一可行的方式。

1.分布式文件系统

谷歌的 GFS 是一个基于主从(Master-Slave)架构的面向大规模数据密集型应用的、能够运行在廉价普通硬件设备上为大量客户机提供容错和高性能服务的可伸缩的分布式文件系统[48]。虽然 GFS 适用于大文件存储和读操作多于写操作的应用，但是存在单点失效和处理小文件效率低下的不足，谷歌的 Colossus 针对这些不足进行了改进[49]。淘宝针对淘宝海量的非结构化数据开发了能够满足淘宝小文件存储需求的分布式文件系统 TFS，其被广泛地应用在淘宝的各项业务中。Haystack 是 Facebook 开发的专门针对海量小文件高效存储和检索数亿级别图片而优化定制的对象存储系统[50]。HDFS 是一个基于谷歌 GFS 实现的分布式文件系统[51]；HDFS 是基于硬件失效、移动计算比移动数据更廉价、大数据集支持、跨异构软硬件平台等目标和假设进行设计的，这使 HDFS 能够在廉价的硬件设施上运行时依然能够获得高可靠性及高吞吐量的性能[52]。CloudStore[53]等分布式文件系统都是类似于 GFS 的开源实现。

2. 数据库管理系统

传统的关系型数据库，如 Oracle、DB2、SQL Server 等，一般采用的是垂直(纵向)扩展(Scale-Up)的方法，这种方法性能的提高速度远远低于所需处理数据的增长速度，因此，不具有良好的扩展性。大数据时代需要的是具有良好水平(横向)扩展(Scale-Out)性能的分布式并行数据库。同时大数据时代的数据类型已经不再局限于结构化的数据，各种半结构化、非结构化的数据纷纷涌现。如何高效地处理这些具有复杂数据类型、价值密度低的海量数据，是现在必须要面对的重大挑战之一。

Eric Brewer 在 2000 年提出了经典的分布式系统理论(CAP 理论)，该理论可以这样表述：对于任何一个分布式系统来说，同一个系统只能同时满足强一致性(C：Consistency)、可用性(A：Availability)和分区容错性(P：Partition Tolerance)中的任意两个方面，不能同时兼顾三者[54]。其中，强一致性是指对一个数据项更新操作执行成功后，任何一个读操作都可以读取到其最新的值；可用性是指每一个操作请求总能够在有限的时间内返回结果；分区容错性是指在出现网络分区故障时，系统也能正常运行，除非整个网络环境都发生了故障。

对于分布式的 NoSQL 数据库系统来说，分区容错性是基本需求，即其只有 CP 和 AP 两种组合模式可选择。CP 模式保证分布在网络上不同节点数据的强一致性，但对可用性支持不足，这类系统主要有分布式 Redis、BigTable、HBase 等。AP 模式通过牺牲强一致性来保证更高的可用性和分区容错性，这类系统主要有 Cassandra、CouchDB、Riak 等。传统的关系型数据库常用的设计理念是 ACID，这是一类牺牲系统的可用性来追求强一致性的模型。

(1)传统的关系型数据库

关系型数据库管理系统(RDBMS)是结构化数据存储中的主导技术。RDBMS 遵循数据库事务正确执行的原子性(Atomicity)、一致性(Consistency)、隔离性(Isolation)及持久性(Durability)这 4 个基本原则(ACID)[55]。但是，Oracle、DB2、SQL Server、Sybase 等传统的关系型数据库系统难以满足大数据的应用需求。

(2)NoSQL 数据库

虽然非关系型数据库(NoSQL 数据库)还没有一个确切的定义，但是普遍认为 NoSQL 数据库应该具有模式自由、容易扩展、低成本、最终一致性、支持海量数据的特征[56]。

NoSQL 数据库中的 Google Bigtable 是一个分布式的被用来处理分布在数千台普通服务器上 PB 级海量数据的结构化数据存储系统，其具有适用性广泛、可扩展、高性能和高可用性的特点[57]。利用 Bigtable 提供的简单数据模型，用户可以动态控制数据的分布和格式。HBase 是一个能够运行在 Hadoop 上的、具有高扩展性的、用 Java 实现的开源分布式 NoSQL 数据库。由于 HBase 是基于谷歌 GFS 的数据模型实现的，所以其适用于结构化数据的存储及大数据的实时查询[58-59]。Hypertable 是一个提供类似谷歌 Bigtable 功能的用于解决大并发、大数据量的用 C＋＋实现的开源分布式 NoSQL 数据库，兼容谷歌 GFS 这类分布式文件系统[60]。

依据所支持的数据模型，NoSQL 数据库可以分为如下 4 类：键值数据库，如 Redis、RocksDB、LevelDB；列族数据库，如 Cassandra、Bigtable、HBase；文档数据库，如 MongoDB、CouchDB、Terrastore；图形数据库，如 Neo4j、InfoGrid、OrientDB[61]。

1.3.2 海量数据的处理

在大数据时代，根据处理时间的需求，海量数据的处理分为两类，即批处理和流式处理。

1. 批处理

在批处理方式中，数据首先被存储，随后被处理。谷歌公司提出的被用来对大数据进行分布式并行处理的 MapReduce 模型是非常重要的批处理模型。MapReduce 的核心思想是：首先，需要进行处理的海量数据被分为若干小数据块；其次，这些数据块被并行处理并以分布的方式产生中间结果（Map 过程）；最后，将这些中间结果合并产生最终结果（Reduce 过程）[62]。MapReduce 通过移动计算的方式而非移动数据的方式来处理海量数据，这样可以避免数据传输带来的通信开销。MapReduce 的水平扩展性得益于其采用的 shared-nothing 结构、各节点间的松耦合性和较强的软件级容错能力。MapReduce 是一个典型的离线批处理计算框架，对非结构化、半结构化的数据处理非常有效，被广泛应用于数据挖掘、数据分析、机器学习，但其无法满足在线实时流式计算需求。

2. 流式处理

流式处理假设数据的潜在价值会随着时间的流逝而迅速降低[63]，因此在数据发生后必须尽可能快地对其进行处理并得到结果。流式处理适合必须对实时峰值或变动做出响应且关注一段时间内变化趋势的实时业务场景，如风控预警、金融交易。

Apache Hadoop 是一个能够对海量数据进行分布式并行处理的软件框架，是目前最流行的大数据批处理框架之一。Hadoop 是基于谷歌提出的 MapReduce 编程思想实现的能够提供可靠、高效、可伸缩性能的并行与分布式数据处理框架[64]。Hadoop 现在不仅是一个批处理框架，而且逐渐演变成一个包含分布式文件系统（如 HDFS）、分布式数据库（如 HBase）、机器学习（如 Mahout）、大规模的科学计算（如 Hama）[65]等的海量数据的分布式批处理生态圈[66]。

Apache Storm 是一个用 Java 和 Clojure 开发的运行在 JVM 上的开源分布式实时大数据处理系统，支持流式处理框架，具有很高的摄取率。Storm 是无状态的，它通过 Apache ZooKeeper 来管理分布式环境和集群的状态，通过水平扩展增加资源来保持性能，且实现了 Ruby、Python、Perl 和 Javascript 相关协议的适配器[67]。同时，Google Dremel、Apache Samza[68]等框架也支持分布式流式处理。

Spark 是美国加州大学伯克利分校的 AMP 实验室所开源的类 Hadoop MapReduce 的通用分布式并行框架，不仅拥有 Hadoop MapReduce 所具有的优点，而且其通过完善内存计算和处理优化机制来加快批处理工作负载的运行速度[69]。Spark 平台除了 MapReduce 的分布式批处理，还支持分布式流式处理、分布式图形处理、分布式机器学习、SQL 查询。Apache Flink 也是一个支持分布式批处理和流式处理的、使用 Java 实现的通用大数据分析引擎[70]。

1.3.3 海量数据的传输

前沿的科学项目，如作为国际高能物理学研究之用的大型强子对撞机（LHC）、国际热核聚变实验反应堆（ITER）、在建的平方公里阵列（SKA）射电望远镜，将会产生海量的仿真数据及观测数据。因为建设和运行前沿科学项目的高昂费用是由多个国家共同承担的，所以这些项目需要将产生的海量数据全部或部分传输（共享）给许多分散在全球各地的研究组。除了这些前沿科学项目需要传输海量数据以外，其他领域也需要跨区域或异地进行海量数据传输。因此，本节调研的文献主要涉及数据传输的相关技术和应用系统。

1. 消息中间件

消息中间件（Message-Oriented Middleware，MOM）是一种能够为任何平台提供高效消息传递功能的中间件技术[71]。因为 MOM 具有屏蔽不同操作系统及不同协议的特性，所以其能够实现分布式系统中不同操作系统之间数据的传递和交换。在具有较差网络连接性的分布式系统中，MOM 相对于远程过程调用（RPC 或 RMI）能够提供可靠的异步数据传输。在分布式系统中，消息通常指的是不同应用程序之间用来传递和交换的信息。消息由消息内容和消息接收者构成，其内容和格式由消息通信双方共同协商而定。在实际通信过程中，通信双方往往以异步、非阻塞及确定的方式收发信息，不需要实际的物理链路，因而 MOM 非常适合松散耦合的系统[72]。

ZeroMQ 是一个由 C 语言开发的仅提供非持久性队列的非常轻量级的高性能异步消息库，支持 Python、C、C＋＋、Java 等开发语言，具有跨平台、高效可靠、松耦合等特性。ZeroMQ[73]不仅支持多种协议[如 TCP 协议、UDP 协议、进程内（Inproc）、进程间（IPC）、实际通用组播协议（pgm/epgm）和虚拟机通信接口（VMCI）]，而且支持多种消息模式[如请求应答模式（Request-Reply）、发布订阅模式（Publish-Subscribe）、管道模式（Push-Pull）及独占对模式（Exclusive Pair）]。ZeroMQ 支持自动重新连接，可以使系统中的组件方便地进行添加和移除，并且系统中的各个组件可以按任意的顺序进行启动。因为 ZeroMQ 尽最大努力提高通信效率，所以它没有持久化的消息队列，进而没有提供实际的传输保证。

RabbitMQ 是一个基于 AMQP 协议实现的重量级开源消息队列系统，具有面向消息、队列、路由（包括点对点及发布/订阅）、可靠、安全的特性[74]。RabbitMQ 使用 Erlang 语言开发，主要用在对数据一致性、稳定性和可靠性要求很高，但对性能和吞吐量要求相对不高的业务场景。RocketMQ 是由阿里巴巴使用纯 Java 语言开发的具有高吞吐量和高可靠性、适合大规模分布式系统应用特点的开源消息中间件[75]。RocketMQ 被广泛应用于阿里巴巴的交易、充值、流计算、日志流式处理等场景。当前使用较多的开源消息中间件还有 ActiveMQ[76]、Kafka[77]等。

2. 文件传输协议

GridFTP 是一种为了满足网格计算对高带宽网络性能的需求，而对文件传输协议(FTP)进行功能扩展和优化后形成的高性能、安全及可靠的数据传输协议[78]。GridFTP 主要在 FTP 的基础上增加了如下一些新的特性：①自动调整 TCP 缓存/窗口大小，进而有效提高数据传输性能；②支持 GSI 及 Kerberos 安全机制，进而提供安全的数据传输性能；③第三方控制的数据传输；④并行数据传输，提高数据传输的总带宽；⑤条状数据传输；⑥部分文件传输。该协议被广泛应用于海量数据传输/共享中。

大规模多连接文件传输协议(MMCFTP)是日本国立情报学研究所(NII)开发的一种新型的基于 TCP/IP 的文件传输协议，该协议具有如下 3 个特点：①用户可以指定传输速率；②如果指定的速率未超过执行环境的限制，无论传输距离长短，都以指定的速率执行传输；③不需要手动调优 TCP[79]。MMCFTP 在未进行 TCP 调优时，通过使用数百个甚至数千个通道来实现指定的高传输速率。在 2017 年，MMCFTP 以约 231 Gbps 的数据传输速率在日本和美国之间实现 10 TB 数据的稳定传输，该数据传输速率成为当年远程数据传输的最新世界纪录[80]。MMCFTP 是日本 ITER 远程实验中心(REC)开发出的高性能数据传输方法。从 ITER 到日本远程实验中心的长时间传输测试的结果表明，ITER 实验数据的全数据共享从技术上讲是可行的。

Aspera 开发的 fasp① 是一种大大加快了 Web 上文件传输速度和优于 FTP、HTTP 等传统技术的高速文件传输协议。该协议对应的传输专利技术充分利用现有的 WAN 基础设施和通用硬件，能够获得的传输速度比 FTP 和 HTTP 快达数百倍。北京基因组研究所(BGI)在 2012 年 6 月，成功地在跨太平洋的距离上以几乎约 10 Gbps 的高速率传输基因组数据，证明 Aspera 的高速传输技术(fasp)能够处理 Web 上的大数据传输或数据共享[81]。

远程直接内存访问(RDMA)协议的工作原理是将数据直接从一个系统的用户定义内存传输到另一个系统，这些传输操作可以在网络上进行，并且可以绕过操作系统，从而无须在用户和内核内存空间之间复制数据，进而可以提高网络通信的通量和降低延迟[82]。基于 RDMA 实现的 InfiniBand[83]、RoCE[84]等具有极高吞吐量和极低延迟的数据传输协议也可以用于海量数据

① https://asperasoft.com/technology/transport/fasp/。

的共享。当然，除了高速传输技术/协议之外，还有其他技术/协议可以帮助大数据传输/共享，如数据压缩[85]和点对点(P2P)数据分发[86]。

3. 射电天文领域的常用归档存储系统

为了解决欧洲南方天文台(ESO)在20世纪末期面临的需要对每天新增的55 GB观测数据进行高效且低成本的数据归档、处理、检索、同步中的问题，设计与实现了下一代归档存储系统(Next Generation Archive System，NGAS)[87]。NGAS是当前射电天文领域最为常用的一套用Python语言开发的，具有丰富功能、良好可移植性及使用副本策略为要归档的数据提供数据冗余的数据归档存储软件。SKA先导项目默奇森宽场阵列(MWA)使用NGAS将MWA观测产生的海量观测数据通过万兆带宽(10 Gbps)专线同步传输到700千米以外的珀斯(Pawsey)超级计算中心，同时使用NGAS将MWA的归档数据同步传输到位于美国麻省理工学院(MIT)和新西兰的惠灵顿维多利亚大学(VUW)的数据中心[40]。NGAS也被用于国际低频阵列(LOFAR)[88]、阿塔卡马大型毫米波/亚毫米波阵列(ALMA)[89]、新疆110米射电望远镜(QTT)[35]等射电望远镜的海量数据异地归档或传输。

1.3.4 存储/归档系统中的数据冗余技术

随着信息技术的发展和仪器灵敏度的提高，互联网和科学仪器产生的数据都在呈指数增长，进而导致产生的海量数据对存储系统的数据可靠性和可用性提出了巨大的挑战。尤其是随着存储系统中磁盘等存储介质数目的增加和存储介质的多样化，存储系统中的潜在扇区错误(Latent Sector Errors)[90]等错误出现的概率也越来越高。存储系统需要保存一定量的冗余数据来保证系统中数据的可靠性和可用性。通常在存储系统中使用能够查找并修复存储介质故障的冗余机制来提高数据的可靠性和可用性。副本技术(N-Way Replication)[51]和纠删码技术(Erasure Coding，EC)[91-92]是存储系统中用来提高数据可靠性和可用性的两类常用冗余容错方法。

1. 副本技术

早期的分布式文件系统使用副本技术来提高数据可靠性和提供数据冗余。副本技术又称镜像方法(Mirrored Method)，复制至少一份原始数据并将原始数据和副本数据存放在存储系统中的不同存储节点上。Hadoop在其最初的分布式文件系统 HDFS 中采用副本技术来保证数据文件的可靠性和可用性，HDFS 中默认的文件复制因子为 3[51]；谷歌在 2003 年发布的分布式文件系统 GFS 中使用副本技术来提供数据容错，GFS 中默认使用 3 副本来保证所存储数据的可靠性和可用性[48]；Ceph 是一个能够提供高性能的、可靠的、可扩展的分布式文件系统，Ceph 使用副本技术来保证数据的可靠性和可用性[93]。OpenStack 的存储系统 Swift 在 2.0 之前使用的是 3 副本来维护数据的可靠性和可用性，这会使原始数据的存储代价上升到原来的 3 倍[94-95]。

2. 纠删码技术

纠删码(Erasure Coding，EC)技术是指将要归档的数据切分成大小相等的数据块且对这些数据块进行编码生成同等大小的校验块，并将数据块和校验块存放在存储系统中的不同存储节点上。纠删码技术中的里德-所罗门(Reed-Solomon，RS)码[96]是基于伽罗华域(Galois Field，GF)的一种编码算法，在 RS 中使用 GF(2^w)，其中 2^$w \geqslant K+M$。RS-Raid 是一种基于范德蒙矩阵(Vandermonde Matrix)实现的 RS 算法，该算法在类独立磁盘的冗余阵列系统中多个设备出错时仍能恢复原始数据[97]。柯西-里德-所罗门算法(Cauchy Reed Solomon，CRS)是一类基于柯西矩阵(Cauchy Matrix)实现的 RS 算法，CRS 算法中只有异或运算，因此该算法与基于范德蒙矩阵实现的 RS 算法相比具有更快的处理速度[98]。

随着要存储数据规模的不断扩大，虽然副本技术能够保证数据的可靠性和可用性，但是这样会带来极大的经济成本，尤其是当只使用副本技术的存储系统要存储海量数据时，副本技术将会带来数倍的存储开销，进而会导致存储成本非常高。为了降低存储成本，各大公司都在用纠删码替代副本技术。微软的 Windows 深蓝云存储平台(Windows Azure Storage，WAS)基于存储开销和重构代价的考虑，采用了 Reed-Solomon 算法的变形算法——局部修复码(Locally Repairable Code，LRC)来为 WAS 上的数据提供高可靠性和可用性[92,99]。GlusterFS① 是一种开源的、可伸缩的且适用于像云存储和流媒体这种数据密集型任务的网络文件系统，其使用 Reed-Solomon 这种没有专利覆盖的且可以免费使用的纠删码来提供数据容错机制，进而达到提高数据可靠性和可用性的目的。2010 年，谷歌软件工程师 Andrew Fikes 在存储架构和

① https://github.com/gluster/glusterfs。

挑战中介绍了下一代集群级的文件系统 Colossus①，在 Colossus 中使用 Reed-Solomon 来平衡存储数据的存储代价和数据可用性[100]。Hadoop 从 3.0 开始支持能够降低存储开销和提供更高数据可用性与可靠性的纠删码技术，其支持 Reed-Solomon 码、XOR 码②。Facebook 使用了一种与 Reed-Solomon 码相比具有更高修复性能和数据可靠性的纠删码技术——局部修复码，该技术能够同时在网络带宽和磁盘 I/O 方面获得高效的修复性能[101]。为了降低对象存储系统中因副本策略带来的存储空间的浪费，OpenStack③ 的对象存储系统 Swift 从 2.0 开始支持副本策略和纠删码策略[95,102]。QFS④(Quantcast File System)是一种具有高性能和容错功能的分布式文件系统，其支持基于 Jerasure⑤ 实现的 RS 纠删码[94,103]。

从上述调研的文献可知：①副本技术与纠删码技术相比不涉及编码和解码(重构)算法，具有较好的容错性能、不需要额外的计算开销、网络开销较低的优点，但是存储效率低[当存放 N 个副本时，额外存储开销达到($N-1$)×100%]；②纠删码技术与副本技术相比是一种更节省存储空间的数据持久化存储方法(数据冗余度低和磁盘利用率高)，但存在需要增加额外网络 I/O 开销和 CPU 资源开销的缺点，EC 技术本质是利用 CPU 资源和网络 I/O 资源换存储空间，进而获得数据的高可靠性和可用性。

1.4 研究内容及思路

本书以信息管理与信息系统为基础，采用理论研究与实例分析相结合、定量分析与定性分析相结合的方法，对海量射电天文观测数据在数据管理过程中面临的跨区域高速传输、低冗余归档及高性能存储与检索这 3 个问题进行了研究，主要研究思路如下。

---

① https://cloud.google.com/files/storage_architecture_and_challenges.pdf。

② https://hadoop.apache.org/docs/r3.0.0/hadoop-project－dist/hadoop-hdfs/HDFSErasureCoding.html。

③ https://docs.openstack.org/swift/latest/overview_policies.html。

④ https://quantcast.github.io/qfs/。

⑤ http://jerasure.org。

1.数据传输方面(海量数据的跨区域高速传输)

为了使采集到的海量射电天文观测数据能够从观测站数据中心高速传输到天文台/区域数据中心,本书在调研海量数据传输相关技术和理论的基础上,以天文领域中常用的数据传输归档系统为出发点,对其数据传输功能进行分析。

在分析的基础上,将现有数据传输子系统中所用的数据传输方法抽象为带重传的同步消息传输模型(出错重传方法),该方法被广泛应用于当前很多远程数据传输技术。该模型/方法存在消息发送方需要等待对端反馈消息而降低数据消息传输效率的不足。

首先,提出能够克服该不足的带状态检测和重传功能的两路异步消息传输模型——高效消息传输模型。其次,基于提出的高效消息传输模型实现一套可以运行的数据传输系统。最后,基于性能测试来验证该数据传输系统比现有数据传输子系统具有更高的数据传输速度,从而验证所提出的高效消息传输模型具有正确性及比出错重传方法具有更高的消息传输效率。

2.数据存储/归档方面(海量数据的低冗余归档)

为了对数据中心即将接收的实现的高效数据传输系统传送过来的海量数据进行高可靠性低冗余归档,本书在调研数据存储系统中常用的副本技术和纠删码技术这两类常用数据冗余技术、理论及它们在工程项目中的应用情况的基础上,以天文领域中常用的数据传输归档系统为出发点,对现有归档子系统的功能进行分析。

在分析的基础上,得知现有归档子系统存在如下不足:尽管其所使用的副本技术能够给接收到的海量数据在归档时提供高可靠性,但是会产生至少两倍的额外存储开销(高数据冗余)。高额外存储开销使现有的归档子系统对于大型射电望远镜来说是一个不可行的归档方案。

首先,为了降低提高数据可靠性所需的数据冗余,基于既能够提高归档数据可靠性又不会产生高额外存储开销的纠删码技术及在数据传输方面提出的高效消息传输模型,提出了基于纠删码的归档模型——低冗余归档模型。其次,基于该模型实现了一套低冗余归档系统。最后,通过该系统的性能测试证明:①实现的低冗余归档系统与现有系统相比具有更高的数据归档速度;②在提供同样数据容错能力的情况下,该系统具有更低的数据冗余度。基于以上内容验证了所提出的低冗余归档模型具有正确性和有效性。

3. 数据存储与检索方面(海量数据的高性能存储与检索)

为了满足数据处理、分析等子系统对数据中心存储的海量观测数据的高性能检索需求,本书在调研数据库管理系统及常用数据管理方法的基础上,以常用数据管理方法和射电天文观测数据所属的时序数据为出发点,对其进行分析。

通过调研和分析可知,常用数据管理方法是一种以单一观测数据记录为管理对象的数据管理方法,该方法具有能够被普遍应用于时序数据管理和非时序数据管理的优点。然而,在对大型射电望远镜每年将会产生的数百亿甚至数万亿条观测数据记录进行管理时,因为常用数据管理方法忽略观测数据具有的时序数据特征,所以其将会产生与所有文件存储的观测数据记录数一样多的元数据信息记录数,进而因记录数急剧增加导致数据检索性能恶化。

为了克服常用数据管理方法因忽略观测数据的时序数据特征导致其产生与观测数据记录数一样多的元数据信息记录数的缺点,提出了一种以集合中的补集思想为核心的面向时序数据的负数据库系统。其以文件中存储记录之间存在的文件逻辑关系为管理对象,其能够通过存储的文件逻辑关系推导出文件中存在记录的元数据信息。不仅从理论上对其高效管理大型射电望远镜产生的海量观测数据进行论证,而且通过一个真实案例来验证其具有正确性,以及在大幅降低存储记录数和存储开销的同时还能具有较高的数据检索性能。

简言之,首先,需要对射电天文观测数据在传输、存储/归档与检索这 3 个方面的常用系统,以及数据存储、传输、归档、处理等相关关键技术、理论进行调研。其次,对现有的数据传输子系统、数据归档子系统及常用数据管理方法进行分析;提炼出数据传输子系统对应的基于出错重传方法、数据归档子系统对应的基于副本技术的归档方案及以单一观测数据为管理对象的常用数据管理方法;找出它们存在的不足:出错重传方法存在需等待对端反馈消息而降低数据消息传输效率的不足、基于副本技术的归档方案虽然能提高数据可靠性但需要增加数倍额外存储开销的不足,以及常用数据管理方法产生和存储记录数非常巨大的元数据信息的不足。再次,针对它们存在的不足提出新的方法/理论,即高效消息传输模型、基于纠删码的归档模型及以文件逻辑关系为管理对象的面向时序数据的负数据库系统;基于新的方法/理论实现新的可以运行的系统,即高效数据传输系统、低冗余归档系统及负数据库系统。最后,通过性能测试来验证新方法/理论/系统的正确性、有效性和高效性。

1.5 结构

本书共分为六章，各章内容结构如下。

第一章，绪论。本章主要介绍了本书的研究背景、研究意义及价值、国内外研究现状、研究内容及思路，以及论文的结构。

第二章，负数据库模型与原理。本章首先在简要介绍射电天文观测数据所属的时序数据和时序数据管理的基础上，针对现有时序数据管理中以单一时序数据记录为管理对象的常用数据管理方法存在忽略时序数据特征的不足，提出以文件逻辑关系为管理对象的面向时序数据的负数据库系统；其次基于本书定义的表征时序数据特征的公式和函数，通过严谨的推导过程从理论上证明能够从负数据库系统构造的文件逻辑关系记录中推导出正确的结果，即负数据库系统具有正确性；最后通过理论上的性能分析与讨论，在理论上证明了负数据库系统与常用数据管理方法相比具有更少的要入库记录数和更低的数据检索时间复杂度。

第三章，观测数据远程传输。本章首先以 SKA 为例简要介绍了大型射电望远镜需要高速数据传输的应用需求；其次在分析当前天文领域常用数据传输系统的基础上，针对现有系统中使用的带重传的同步消息传输模型存在等待对端反馈消息而降低数据消息传输效率的不足，提出了高效消息传输模型；最后不仅从理论上证明了提出的高效消息传输模型与现有系统相比能够提高数据消息传输效率，而且通过性能测试证明基于高效消息传输模型实现的高效数据传输系统比现有系统具有更高的数据传输速度。

第四章，观测数据低冗余归档。本章首先简要介绍了大型射电望远镜需要低冗余归档的应用需求；其次在分析当前天文领域中现有归档系统的基础上，针对现有系统中使用的基于副本技术的归档模型存在数倍额外存储开销的不足，提出基于纠删码的归档模型——低冗余归档模型；最后不仅从理论上证明提出的低冗余归档模型比现有系统的归档模型具有更低的数据冗余，而且通过性能测试证明基于提出的低冗余归档模型实现的低冗余归档系统与现有系统相比具有更低的冗余度和更快的归档速度。

第五章，负数据库在 MUSER 中的应用。本章首先在简要介绍 MUSER 的基础上，基于负数据库模型和 MUSER 观测数据的时序特征，设计与实现了 MUSER 负数据库系统;其次介绍 MUSER 负数据库系统、高效数据传输系统和低冗余归档系统在 MUSER 总体系统中的部署,通过简要分析说明为 SKA 这类大型射电望远镜设计与实现的高效数据传输系统和低冗余归档系统能够完全胜任 MUSER 的数据传输与归档需求;最后通过性能测试证明负数据库系统与常用数据管理方法相比,能够极大降低要入库的记录数和存储空间,同时能具有较高的数据检索性能。

第六章,结论与展望。本章对整书在数据传输、存储/归档及检索方面取得的主要研究成果和结论进行总结,并对后续工作和研究进行了展望。

第二章　负数据库模型与原理

从海量观测数据中检索出所需要的记录，是构建天文数据处理系统的一个关键技术。为了提高海量射电天文观测数据记录的存储与检索性能，本章首先在简要介绍观测数据所属的时序数据和时序数据管理的基础上，基于时序数据的采样间隔、以文件的形式进行组织等特征，提出一种以集合中的补集思想为核心的面向时序数据的负数据库模型；其次给出了该模型的形式化定义、严格的理论证明及涉及的几个核心算法；最后从理论上分析与讨论了该模型的记录入库性能、数据检索性能及要入库的记录数。第五章将对该模型进行案例实证应用研究。

2.1　时序数据的基本定义

随着计算机技术、传感器技术等技术的发展和普及，金融[104]、医学[105]、气象[106]、天文[107-108]、网络安全[109]等领域都产生了海量时序数据。时序数据允许我们衡量变化：分析过去的变化情况，监控当前情况的变化，预测未来变化。时序数据主要有 3 个共同点：①采集的数据几乎总是记录为新条目；②数据通常按序到达存储介质；③时间是主轴（采样间隔可以是固定的，也可以是不固定的）。需要说明的是时序数据与在数据集中只有一个时间字段是完全不同的概念。虽然这两种数据都能提供事物的当前状态，但只有时序数据能通过在单独的行中写入新数据跟踪事物的所有状态。

从时间序列（时序）的角度来看，每个时序数据记录 tsr 可以被抽象为一个多元组 (t,o)，$tsr=(t,o)$ 。其中，t 为时间戳变量；o 为测量对象变量。时序数据的测量值反映时序数据记录的实际意义，如实时监测的心率、脉搏、血压、血氧等生命体征数据的测量值[110]。由此，对于时序数据可以给出如下定义：

定义 1　时序数据（Time-Series Data，TSD）是指一个有限集

$\{(t_1,o_1),(t_2,o_2),\cdots,(t_n,o_n)\}$ ，满足 $t_i < t_{i+1}(i=0,1,2,\cdots,n-1)$ 。任意相邻两个时序数据记录的时间差为 $interval = t_{i+1} - t_i$ ，称 *interval* 为采样间隔(时间分辨率)。

定义 2　将 *interval* 是固定值的时序数据定义为固定时序数据(Interval Time-Series Data,ITSD)；将 *interval* 是不固定值的时序数据定义为非固定时序数据(Nonfixed interval Time-Series Data,NTSD)。将 *interval* 简记为 I。

在科学实验或观测中，绝大部分数据采集设备产生的数据(观测数据)基本上都属于固定时序数据。科学数据采集设备往往能够采集多种类型的数据，假设科学数据采集设备总共能够采集 C_1、C_2、…、C_M 共 M 种类型的数据，用集合 CM 来表示这 M 种类型，即 $CM = \{C_1,C_2,\cdots,C_M\}$ 。同时，科学数据采集设备有两种数据采集(工作)模式，即循环采集模式和固定采集模式。固定采集模式是指科学数据采集设备只对 M 类数据中的某一类进行实时采集；循环采集模式是指科学数据采集设备对 M 类数据中的若干(T)类按照一定的数据类型次序来依次进行实时采集。图 2.1 展示了一个以 C_1 类时序观测数据为例的固定采集模式和一个以 C_1、C_2、C_3 类时序观测数据为例的循环采集模式。实际上固定采集模式是循环采集模式中 T 取值为 1 时的一种特殊循环采集模式。

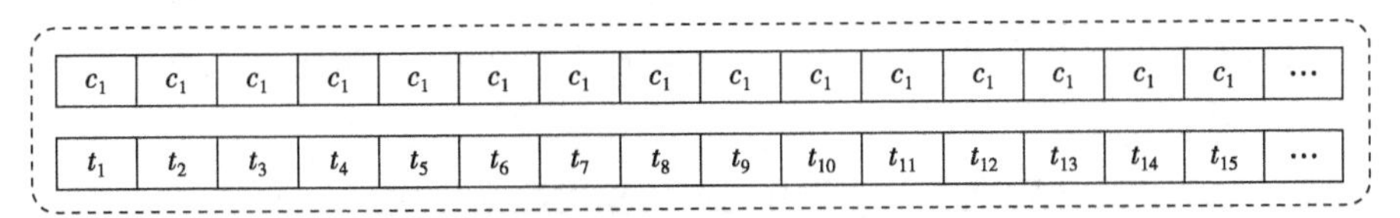

a 以 C_1 类时序观测数据为例的固定采集模式

c_1	c_2	c_3	c_1	c_2	c_3	c_1	c_2	c_3	c_1	c_2	c_3	c_1	c_2	c_3	…
t_1	t_2	t_3	t_4	t_5	t_6	t_7	t_8	t_9	t_{10}	t_{11}	t_{12}	t_{13}	t_{14}	t_{15}	…

b 以 C_1、C_2、C_3 类时序观测数据为例的循环采集模式

图 2.1　数据采集模式示例

2.2　时序数据管理

科学实验或观测所获得的时序数据(观测数据)一般以数据记录集(文件)的形式进行存储。所谓的时序数据管理，是指将存储系统每个文件所有时序

数据记录中的元数据信息抽取出来存入数据库，进而实现对时序数据记录的高效存储与检索功能。本书将存储时序数据记录的文件称为时序数据文件。

2.2.1 时序数据文件中的术语

为了后文叙述方便，假设科学数据采集设备在 t_1 时刻采集到数据类型为 c_1 的数据，且从时刻 $t_{(1)}$ 开始以 $c_1c_2\cdots c_T$ 这样的类型次序循环采集这 T 种类型的数据。其中，$\mathbf{Z}^+$ 表示正整数集合，$T \in \mathbf{Z}^+$ 且 $T \leqslant M$，$c_1 \in CM$，$c_2 \in CM$，…，$c_T \in CM$ 且 $c_i \neq c_j$，这里 $i \neq j$。

将与时序数据文件有关的一些术语定义如下：

① n 表示文件中必须存储的记录数，$n \in \mathbf{Z}^+$，即只有当一个文件中写入了 n 个记录后，存储系统才会创建一个新的文件来存储随后的记录；

② $t(x)$ 表示文件中位置序号为 x 的记录中记录的时间戳，x 满足 $x \in \mathbf{Z}^+$、$x \leqslant n$；

③ r_x 表示文件中位置序号为 x 的记录，x 满足 $x \in \mathbf{Z}^+$、$x \leqslant n$；

④ s_x 表示文件中第 x 个记录对应的位置序号，即 $s_x = x$，且 x 满足 $x \in \mathbf{Z}^+$、$x \leqslant n$；

⑤ $c(x)$ 表示文件中第 x 个记录存储的数据类型，x 满足 $x \in \mathbf{Z}^+$、$x \leqslant n$；

⑥ $c_1c_2\cdots c_T$ 表示从 $t_{(1)}$ 时刻开始的数据类型采样次序；

⑦ I 表示科学数据采集设备的采样间隔或时间分辨率；

⑧ D 表示文件中单个记录的固定大小，即每个记录占用的存储空间总是相同的。

2.2.2 与时序数据相关的函数定义

1. 时间戳函数

通过 t_0，计算 t_0 之后相隔任意 x 个 I 对应的时间戳函数定义为：

$$t_x = t_0 + xI。 \tag{2.1}$$

其中，$x \in \mathbf{Z}_0^+$（$\mathbf{Z}_0^+$ 表示非负整数集合）。t_x 表示采集某个时序数据记录时对应的时间戳。

2. 数据类型函数

当产生 $ITSD$ 的科学数据采集设备在循环采集模式下采集 T 种类型的数据时，假设其在 t_0 时刻采集的数据类型为 c_1，且从 t_0 开始的数据类型采样次序为 $c_1c_2\cdots c_T$ 。

时间戳 t_x 对应的数据采集类型的数据类型函数定义为：

$$y=f(x)=f(x+T)=\begin{cases} c_1, x\%T\equiv 0 \\ c_2, x\%T\equiv 1 \\ \vdots \\ c_T, x\%T\equiv (T-1) \end{cases} 。\tag{2.2}$$

其中，$x\in \mathbf{Z}_0^+$，%表示取模运算，≡表示恒等关系。公式(2.2)中的 x 可以通过将 t_x 代入公式(2.1)计算出来，然后将 x 代入公式(2.2)计算出 t_x 对应的数据采集类型。

3. 偏移量函数

利用记录 r_x 的位置序号 s_x 推导出其相对于文件起始位置的偏移量的偏移量函数定义为：

$$offset_{(x)}=(s_x-1)D。\tag{2.3}$$

其中，$x\in \mathbf{Z}^+$ 、$x\leqslant n$，D 为单个记录所占的固定存储空间大小，即 $offset_{(x)}$ 表示第 x 个记录(r_x)相对于该记录所在文件起始位置的偏移量。

2.2.3　时序数据组织结构

科学数据采集设备产生的时序数据在存储系统中是按照目录、文件及时序数据记录的形式来组织数据的，如图 2.2 所示。采集到的时序数据以时序数据记录集(文件)的形式存储在存储系统中，即按时间顺序将先后采集的 n 个时序数据记录存储在同一个文件中。

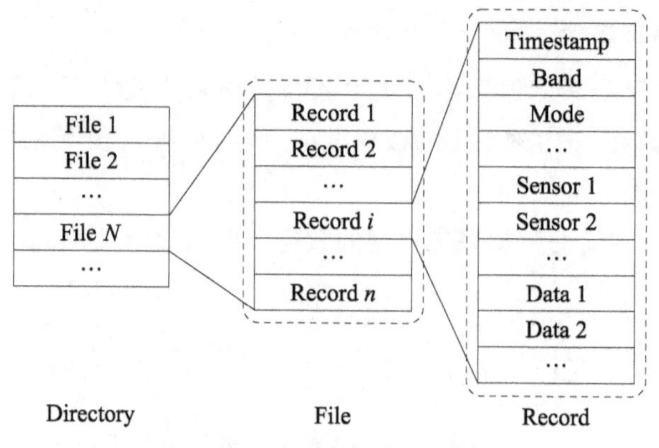

图 2.2　时序数据组织结构

为了后文叙述方便,我们将时序数据文件分为无损时序数据文件和有损时序数据文件。

1. 无损时序数据文件

如果文件满足最后一个记录对应的采样时间戳减去第一个记录对应的采样时间戳的差值等于$(n-1)I$,那么将这类时序数据文件称为无损时序数据文件,即无损时序数据文件中最后一个记录(r_n)和第一个记录(r_1)对应的时间戳$t_{(n)}$和$t_{(1)}$满足公式(2.4)。

$$(t_{(n)}-t_{(1)})\div I=n-1。\tag{2.4}$$

对于无损时序数据文件,在已知文件中第一个记录(r_1)对应的时间戳($t_{(1)}$)、数据类型(c_1)及从$t_{(1)}$开始的循环采样次序$c_1c_2\cdots c_T$的情况下,可以将相应的位置序号x、$t_{(1)}$、$c_1c_2\cdots c_T$、I、D代入公式(2.1)、公式(2.2)和公式(2.3)来计算出文件中位置序号x对应的时间戳t_x、数据类型$f(x)$和偏移量,且它们与文件中记录r_x存储的时间戳$t_{(x)}$、数据类型$c_{(x)}$和偏移量相同。

2. 有损时序数据文件

如果文件满足最后一个记录对应的采样时间戳减去第一个记录对应的采样时间戳的差值大于$(n-1)I$,那么将这类时序数据文件称为有损时序数据文件,即有损时序数据文件中最后一个记录(r_n)和第一个记录(r_1)对应的时间戳$t_{(n)}$和$t_{(1)}$满足不等式公式(2.5)。

$$(t_{(n)}-t_{(1)})\div I>n-1。\tag{2.5}$$

由于在有损时序数据文件中首尾记录对应的采样时间范围内存在$(t_{(n)}-t_{(1)})\div I+1-n$个记录丢失,因此,在已知有损时序数据文件中第一个记录(r_1)对应的时间戳($t_{(1)}$)、数据类型(c_1)及从$t_{(1)}$开始的循环采样次序$c_1c_2\cdots c_T$的情况下,无法保证通过公式(2.1)和公式(2.2)推导出的位置序号x对应的时间戳t_x和数据类型$f(x)$与文件中记录r_x存储的时间戳$t_{(x)}$和数据类型$c_{(x)}$相同。

2.2.4　有损时序数据文件

假设任意一个有损时序数据文件中都存在$p-1$处记录丢失(图2.3),用$LP_{(i)}$表示第i处丢失的记录数,第i处记录丢失位置可以用其之前和之后记录对应的位置序号s_j、s_k组成的二元组(s_j,s_k)来表示。其中,$p\in\mathbf{Z}^+$、$1<p<n$;$i\in\mathbf{Z}^+$、$i<p-1$;$j\in\mathbf{Z}^+$、$j<n$且$k=j+1$。将第i处记录丢失位置对应的二元组的第一个元素用$FP_{(i)}$表示,第二个元素用$SP_{(i)}$表示,即$FP_{(i)}=s_j$,$SP_{(i)}=s_k$。$CP_{(i)}$表示文件中位置序号$FP_{(i+1)}$之前的i处丢失记录数的累计和,即$CP_{(i)}$的计算公式为:

$$CP_{(i)}=\sum_{a=1}^{i}LP_{(a)},a\in\mathbf{Z}^+。\tag{2.6}$$

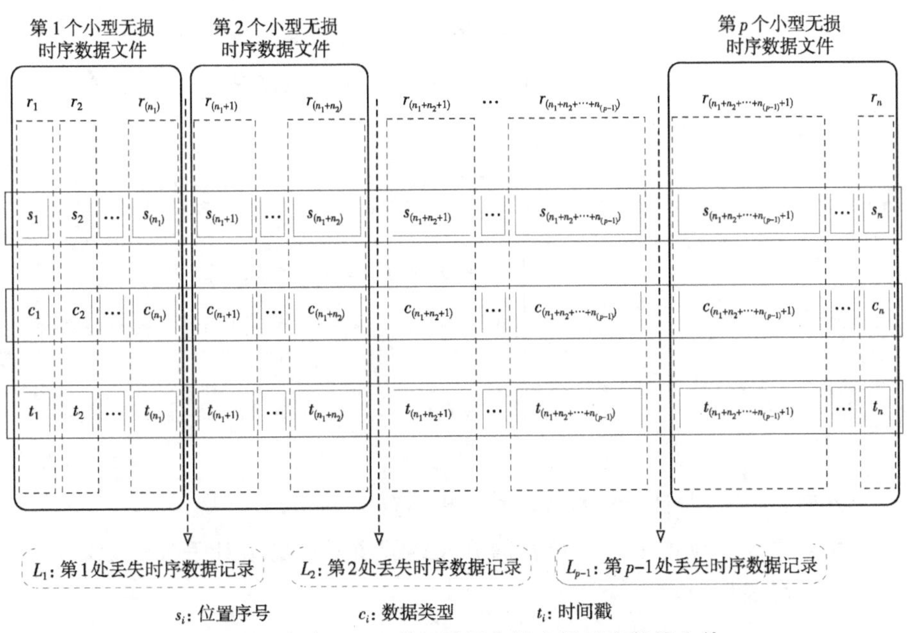

图2.3　存在$p-1$处记录丢失的有损时序数据文件

$LP_{(i)}$ 的计算公式为：

$$LP_{(i)} = (t_k - t_j) \div I - 1。 \tag{2.7}$$

其中，t_k 和 t_j 分别对应文件中的位置序号 s_k 和 s_j。

当文件是存在 $p-1$ 处记录丢失的有损时序数据文件时，为了使计算出来的任何位置序号 x 对应的时间戳 t_x 和数据类型 $f(x)$ 与位置序号 x 对应的记录 r_x 中存储的时间戳 $t_{(x)}$ 和数据类型 $c_{(x)}$ 都相同，需要将公式(2.1)和公式(2.2)修正为公式(2.8)和公式(2.9)这两个分段函数。

计算任意一个位置序号 x 对应的时间戳函数为：

$$t_{(x)} = \begin{cases} t_{(1)} + (x - 1 + 0)I, 1 \leqslant x \leqslant FP_{(1)} \\ t_{(1)} + (x - 1 + CP_{(1)})I, SP_{(1)} \leqslant x \leqslant FP_{(2)} \\ \vdots \\ t_{(1)} + (x - 1 + CP_{(p-1)})I, SP_{(p-1)} \leqslant x \leqslant n \end{cases}。 \tag{2.8}$$

计算任意一个位置序号 x 对应的数据类型的函数为：

$$y = f(x) = f(x+T) = \begin{cases} c_1, \begin{cases} (x+0)\%T \equiv 1, 1 \leqslant x \leqslant FP_{(1)} \\ (x+CP_{(1)})\%T \equiv 1, SP_{(1)} \leqslant x \leqslant FP_{(2)} \\ \vdots \\ (x+CP_{(p-1)})\%T \equiv 1, SP_{(p-1)} \leqslant x \leqslant n \end{cases} \\ c_2, \begin{cases} (x+0)\%T \equiv 2, 1 \leqslant x \leqslant FP_{(1)} \\ (x+CP_{(1)})\%T \equiv 2, SP_{(1)} \leqslant x \leqslant FP_{(2)} \\ \vdots \\ (x+CP_{(p-1)})\%T \equiv 2, SP_{(p-1)} \leqslant x \leqslant n \end{cases} \\ \vdots \\ c_T, \begin{cases} (x+0)\%T \equiv 0, 1 \leqslant x \leqslant FP_{(1)} \\ (x+CP_{(1)})\%T \equiv 0, SP_{(1)} \leqslant x \leqslant FP_{(2)} \\ \vdots \\ (x+CP_{(p-1)})\%T \equiv 0, SP_{(p-1)} \leqslant x \leqslant n \end{cases} \end{cases}。 \tag{2.9}$$

其中，$x \in \mathbf{Z}^+$ 且 $x \leqslant n$，%表示取模运算。

用 $e_{(x)}$ 表示位置序号 x 所在的分段区间所对应的累计丢失记录数，$e_{(x)}$ 对应的分段函数为：

$$e_{(x)}=\begin{cases}0, 1 \leqslant x \leqslant FP_{(1)} \\ CP_{(1)}, \quad SP_{(1)} \leqslant x \leqslant FP_{(2)} \\ \vdots \\ CP_{(p-1)}, \quad SP_{(p-1)} \leqslant x \leqslant n\end{cases} 。\tag{2.10}$$

将 $e_{(x)}$ 代入公式(2.8)，可以得到

$$t_{(x)}=t_{(1)}+(x-1+e_{(x)})I 。\tag{2.11}$$

将 $e_{(x)}$ 代入公式(2.9)，可以得到

$$y=f(x)=f(x+T)=\begin{cases}c_1, (x+e_{(x)})\%T\equiv 1 \\ c_2, (x+e_{(x)})\%T\equiv 2 \\ \vdots \\ c_T, (x+e_{(x)})\%T\equiv 0\end{cases} 。\tag{2.12}$$

2.2.5　时序数据管理

在理想情况下，科学数据采集设备可以无故障运行，且每次启动和停止刚好是整分、整秒、整毫秒，甚至整纳秒；存储系统能够完全存储科学数据采集设备产生的所有观测数据（时序数据）；保证每个文件中第一个时序数据记录中记录的采样时间戳刚好也是整分、整秒、整毫秒，甚至整纳秒；产生的所有文件都是无损时序数据文件。在这种理想情况下，只需要通过简单的推理计算，就可以精确地定位出要查询的某个时间点或时间段内符合检索条件的时序数据记录，即时序数据管理在不使用数据库管理系统的情况下也可以获得令人满意的数据检索性能。

然而，实际情况中存在如下 3 种可能会造成时序数据记录丢失的情况：①科学数据采集设备出现运行故障导致时序数据记录丢失；②受当前存储系统存储性能的限制，科学数据采集设备实时产生的高速率时序数据记录在被写入存储系统时存在随机性丢失；③采集的时序数据记录在传输过程中因网络丢包等导致数据丢失。同时，实际情况下系统的启停很难做到正好是整数时间。因此，实际的文件不可能全部是无损时序数据文件。

目前在天文数据管理领域中，为了实现对时序数据记录的高效检索，一般都通过对文件中的每一个时序数据记录都建立一条数据库记录，充分利用B+树等实现的索引机制来实现对数据记录的高效检索。但存在的问题是由

于记录数巨大，为了能够存储这些记录并提供高效检索性能，MySQL、Oracle等主流数据库管理系统通常需要将数据库拆分成若干子数据库或子表，以分布式或并行的方式来提供高效的检索性能。

同时，当使用这种以单一时序数据记录为管理对象的常用数据管理方法来实现海量数据的管理时，一般还会存在如下一系列问题：①为了提高检索性能，大量地购置内存、固态硬盘等具有高速读写速度的存储，花费大量的资金；②维护每年新增近百亿甚至近万亿条数据记录的巨型数据库管理系统，经常遇到许多意想不到的困难，进而增加系统的维护成本；③需要大量的资金来购买能够存储巨大数量数据的数据库管理系统软件。

2.3 负数据库

本书提出了一种新颖的时序数据管理方法，即当时序数据具有固定的采样间隔、固定数量的时序数据记录按序存放在文件中时，无论时序数据是否存在丢失都可鲁棒地进行管理的面向时序数据的数据库系统——负数据库系统。基本原理说明如下：

假定已知全集 U、数据集 A，数据集 A 的补集是数据集 C。全集 U 是指通过公式(2.1)和公式(2.2)推导出来的时序数据文件中第一个和最后一个记录对应时间范围内所有记录对应的时间戳与数据类型组成的二元组的集合；数据集 A 是指时序数据文件中所有存在记录中所包含的时间戳与数据类型组成的二元组的集合；数据集 A 的补集 C 是指时序数据文件中第一个和最后一个记录对应时间范围内丢失或未能成功写入文件中的记录对应的时间戳与数据类型组成的二元组的集合，即 $C=U-A$。负数据库通过对补集 C 的管理来间接实现对 A 的高效管理，即通过存储少量的用丢失数据位置相关信息构成的文件逻辑关系和利用大量的逻辑推导运算快速从构造的文件逻辑关系中推导出文件中任何存储记录中记录的时间戳等元数据信息。

本节将通过介绍负数据库的记录结构、记录入库（记录的构造与存储）方法、数据检索方法等来详细说明负数据库的设计与实现思想。

2.3.1 记录结构

为了能够从负数据库中检索出符合查询条件的时序数据记录对应的时间戳、数据类型、位置序号(偏移量)及文件名,设计了两种形式的 Key-Value 来组织数据。为了叙述方便,用 Key1-Value1 来表示第一种形式的 Key-Value,用 Key2-Value2 来表示第二种形式的 Key-Value。

1. Key1-Value1

Key1-Value1 用于存储时序数据文件中记录的对应采样日期时间(时间戳)舍去部分精度之后的日期时间值与文件的关系。在使用负数据库检索出符合指定查询条件的时序数据记录时,所设计的 Key1-Value1 能够使检索功能快速定位到所有可能包含指定查询条件的文件。

Key1 值是将文件中记录的对应采样日期时间舍去部分精度之后的日期时间值。Value1 由 5 个部分构成,即 Filename、$c_{(1)}$、$t_{(1)}$、$t_{(n)}$、$c_1c_2\cdots c_T$。其中,Filename 表示文件名,$c_{(1)}$ 表示文件中第一个记录对应的数据类型,$t_{(n)}$ 表示文件中最后一个记录对应的采集日期时间,$c_1c_2\cdots c_T$ 表示从 $t_{(1)}$ 时刻开始的数据类型采样次序。每个 Value1 实例可以唯一标识一个文件。

2. Key2-Value2

Key2-Value2 用于存储时序数据文件中第一个记录对应的采样日期时间值与该文件中累计丢失记录数的关系。Key2 用于存储文件中第一个记录对应的采样日期时间($t_{(1)}$),Value2 用于存储文件中累计丢失记录数。也就是说,通过所设计的 Key2-Value2 能够推算出某个文件中所有未丢失记录对应的若干关键元数据信息。

Value2 的类型为有序集合。Value2 中的元素用 Element2 表示。Element2 由 3 个部分构成,即 S、E、CP。其中,S 表示开始偏移量,E 表示结束偏移量,CP 表示累计丢失记录数。偏移量是指文件中某个记录对应的位置序号相对于该文件中第一个记录的差值。每个文件只能对应一个 Key2-Value2 记录。Value2 中至少有一个元素,至多有 n 个元素。当 Value2 中只有一个元素时,表示 Key2-Value2 对应的文件是一个无损时序数据文件,否则表示 Key2-Value2 对应的文件是一个有损时序数据文件。Value2 中的有序是按照 Element2 中的 CP 大小来决定其在 Value2 中的先后次序。

2.3.2 记录入库

记录入库是指记录的构造与存储，也就是说从文件中抽取出相应的元数据信息来构造两种形式的 Key-Value，并将这两种形式的 Key-Value 存储到底层数据库，其过程如下所述：①获取待处理的文件列表 *UL*；②从 *UL* 中取一个还未处理的文件 Filename；③构建 Filename 对应的两种 Key-Value 并进行存储；④重复步骤②～③直至处理完 *UL* 中的所有文件。

通过算法 extract_construct_store_key_value 来构建并存储一个还未处理的文件(filename)对应的两种 Key-Value，其伪代码如图 2.4 所示。该算法

```
Algorithm 2.1: extract_construct_store_key_value(filename)
Input:
    filename indicating a file that has not been processed yet
Output:
    1 indicating a file that has been processed
1  open filename as fileobj
2  get c(1)、t(1)、t(n)、c1c2…cT from fileobj
3  construct key1_list by using the different values between t(1) and t(n) with less precision
4  value1 = filename-c(1)-t(1)-t(n)-c1c2…cT
5  for key1 in key1_list
6        store key1 and value1
7  key2 = t(1)
8  if ((t(n)-t(1))/I= = n-1) then
9      value2 = [1-n-0]
10 else
11     start = 1
12     cp = 0
13     for i=1 to n-1 do
14         if ((t(i+1)-t(i))/I>) then
15             element2 = start-i-cp
16             add element2 to value2
17             cp = cp + (t(i+1)-t(i))/I
18             start = i+1
19     element2 = start-n-cp
20     add element2 to value2
21 store key2 and value2
22 return 1
```

图 2.4　extract_construct_store_key_value 算法的伪代码

主要通过公式(2.4)和(2.5)来判断文件中首尾记录对应的时间范围内是否存在记录丢失，通过公式(2.6)和(2.7)来计算累计丢失记录数，进而通过从文件中抽取出来的元数据信息来构建两种形式的记录并存储。

2.3.3　数据检索

科学家对时序数据记录的检索需求是从海量数据记录中尽可能快地检索出指定时间范围内指定数据类型对应的记录，同时需要给出记录所在的文件名(filename)、偏移量(offset)、数据类型(dt)和时间戳(ts)。用 qs 表示检索时间范围的开始时间、用 qe 表示检索时间范围的结束时间、用 QC 表示检索记录的数据类型集合。

记录的检索过程包括如下步骤：

①根据 QC 依次创建保存各个数据类型中返回记录的数组；

②根据 qs 和 qe 推导出所有可能存在符合检索条件的 Key1-Value1，且获得有序的 Value1 实例列表 ordered_Value1_list；

③从 ordered_Value1_list 中获取一个 Value1 实例 value1；

④从 value1 中获取 Filename、$c_{(1)}$、$t_{(1)}$、$t_{(n)}$、$c_1c_2\cdots c_T$；

⑤获得 $t_{(1)}$ 对应的 Key2-Value2 实例记录中的 Value2 实例 value2；

⑥使用 $t_{(1)}$、$t_{(n)}$、value2 获得 qs 和 qe 在文件 Filename 中对应的精准位置序号 ss 和 se；

⑦使用 Filename、$c_{(1)}$、$t_{(1)}$、$c_1c_2\cdots c_T$、value2、ss、se 来推导出符合 QC 中数据类型的记录；

⑧重复步骤③～⑦直到处理完列表 ordered_Value1_list 中的所有元素；

⑨返回符合检索条件的记录集。

步骤②、⑥、⑦是记录检索过程中的 3 个核心步骤，这 3 个核心步骤将分别在 2.3.3.1、2.3.3.2 及 2.3.3.3 部分进行详细介绍。

2.3.3.1　获取符合条件的 Value1 实例

通过算法 derive_key_value 来推导出指定查询范围内的所有可能存在符合检索条件的 Value1 实例，其伪代码如图 2.5 所示。该算法主要包括如下步骤：第一步，推导出 qs 和 qe 之间包含的所有可能的 Key1 实例；第二步，通过 Key1 实例检索出所有的 Value1 实例；第三步，获得有序的 Value1 实例列表。

```
Algorithm 2.2: derive_key_value(qs, qe)
Input:
    qs indicating the start query time
    qe indicating the end query time
Output:
    ordered_Value1_list indicating the chronological Value1 instance list
1 construct ts corresponding to the first possible Key1 instance from qs
2 construct te corresponding to the last possible Key1 instance from qe
3 Value1_list = [ ]
4 for key1 = ts to te do
5     retrieve value1 corresponding to key1
6     add value1 into Value1_list
7 sort the elements of Value1_list by time and assign them to ordered_Value1_list
8 return ordered_Value1_list
```

图 2.5 derive_key_value 算法的伪代码

2.3.3.2 获取精准位置序号范围

为了后文叙述方便，本书定义如下符号和公式：

$$qs_{(1)} = qs - t_{(1)}; \tag{2.13}$$

$$qs_{(n)} = qs - t_{(n)}; \tag{2.14}$$

$$qe_{(1)} = qe - t_{(1)}; \tag{2.15}$$

$$qe_{(n)} = qe - t_{(n)}; \tag{2.16}$$

$$qs_{(1,\%)} = qs_{(1)} \% I; \tag{2.17}$$

$$qsp_{(1,/+1)} = qs_{(1)} / I + 2; \tag{2.18}$$

$$qsp_{(1,/)} = qs_{(1)} / I + 1; \tag{2.19}$$

$$qe_{(1,\%)} = qe_{(1)} \% I; \tag{2.20}$$

$$qep_{(1,/)} = qe_{(1)} / I + 1; \tag{2.21}$$

$$ss' = \begin{cases} qsp_{(1,/+1)}, qs_{(1,\%)} \neq 0 \\ qsp_{(1,/)}, qs_{(1,\%)} = 0 \end{cases}; \tag{2.22}$$

$$se' = \begin{cases} qep_{(1,/)}, qe_{(1,\%)} \neq 0 \\ qep_{(1,/)}, qe_{(1,\%)} = 0 \end{cases}。 \tag{2.23}$$

其中，/表示两个数相除并将结果向下取整。$t_{(1)}$ 和 $t_{(n)}$ 分别表示同一个文件首尾记录中存储的时间戳。

qs 和 qe 组成的查询范围 $[qs, qe]$ 与某个文件中记录的时间戳范围 $[t_{(1)}, t_{(n)}]$ 有交集时，该文件才有可能存在符合检索条件的记录。当 qs 、

qe 、$t_{(1)}$ 、$t_{(n)}$ 存在如下 4 种关系时，查询范围 $[qs, qe]$ 与文件中记录的时间戳范围 $[t_{(1)}, t_{(n)}]$ 存在交集：

① $qs < t_{(1)} \leqslant t_{(n)} < qe$ ，表示该文件所有记录中的时间戳都落在查找时间范围内；

② $t_{(1)} \leqslant qs \leqslant t_{(n)} < qe$ ，表示该文件有部分记录中的时间戳落在查找时间范围内；

③ $qs < t_{(1)} \leqslant qe \leqslant t_{(n)}$ ，表示该文件有部分记录中的时间戳落在查找时间范围内；

④ $t_{(1)} \leqslant qs \leqslant qe \leqslant t_{(n)}$ ，表示查询时间范围刚好落在某个文件首尾记录中记录的时间戳组成的时间范围内。

本章接下来讨论的问题，都是基于查找时间范围与文件中首尾记录对应的时间戳构成的时间范围有交集这个大前提。

用 ss 和 se 分别表示查询开始时间 qs 和查询结束时间 qe 在与查找时间范围有交集的文件中对应的有效精准位置序号。用 ss' 表示当 $t_{(1)} \leqslant qs \leqslant t_{(n)}$ 成立时计算出来的虚拟精确位置序号，通过公式(2.22)来计算 ss' 的值；用 se' 表示当 $t_{(1)} \leqslant qe \leqslant t_{(n)}$ 成立时计算出来的虚拟精确位置序号，通过公式(2.23)来计算 se' 的值。

(1)获取查询开始时间 qs 在某个文件中对应的开始有效精准位置序号 ss

1)当 $qs < t_{(1)}$ 时

显然 qs 在该文件中对应的开始有效精准位置序号 ss 为 1。

2)当 $t_{(1)} \leqslant qs \leqslant t_{(n)}$ 时

计算 ss 的公式有如下两种形式：

①无损时序数据文件

$$ss = ss' - 0, t_{(1)} \leqslant qs \leqslant t_{(n)}; \tag{2.24}$$

②有损时序数据文件

$$ss = \begin{cases} ss' - 0, t_{(1)} \leqslant qs \leqslant t_{(FP_{(1)})} \\ SP_{(1)}, t_{(FP_{(1)})} + I \leqslant qs \leqslant t_{(SP_{(1)})} - I \\ ss' - CP_{(1)}, t_{(SP_{(1)})} \leqslant qs \leqslant t_{(FP_{(2)})} \\ SP_{(2)}, t_{(FP_{(2)})} + I \leqslant qs \leqslant t_{(SP_{(3)})} - I \\ ss' - CP_{(2)}, t_{(SP_{(3)})} \leqslant qs \leqslant t_{(FP_{(4)})} \\ \vdots \\ ss' - CP_{(p-1)}, t_{(SP_{(p-1)})} \leqslant qs \leqslant t_{(n)} \end{cases} \tag{2.25}$$

公式(2.25)中,将所有落在第 i 处丢失记录位置所在时间范围 $[t_{(FP_{(i)})}+I, t_{(SP_{(i)})}-I]$ 内的查询开始时间 qs 对应的有效精准位置序号赋值为 $SP_{(i)}$。其中,$i\in\mathbf{Z}^{+}$ 且 $i\leqslant p-1$。

将公式(2.24)和公式(2.25)中分段函数的端点值和 qs 转换成相对于 $t_{(1)}$ 的偏移间隔数,公式(2.24)和公式(2.25)转换之后的公式分别为公式(2.26)和公式(2.27)。

转换之后计算 ss 的公式有如下两种形式:

①无损时序数据文件

$$ss=ss'-0, 0\leqslant ss'\leqslant\frac{t_{(n)}-t_{(1)}}{I}; \tag{2.26}$$

②有损时序数据文件

$$ss=\begin{cases} ss'-0, 0\leqslant ss'\leqslant\dfrac{t_{(FP_{(1)})}-t_{(1)}}{I} \\ SP_{(1)}, \dfrac{t_{(FP_{(1)})}-t_{(1)}}{I}+1\leqslant ss'\leqslant\dfrac{t_{(SP_{(1)})}-t_{(1)}}{I}-1 \\ ss'-CP_{(1)}, \dfrac{t_{(SP_{(1)})}-t_{(1)}}{I}\leqslant ss'\leqslant\dfrac{t_{(FP_{(2)})}-t_{(1)}}{I} \\ SP_{(2)}, \dfrac{t_{(FP_{(2)})}-t_{(1)}}{I}+1\leqslant ss'\leqslant\dfrac{t_{(SP_{(2)})}-t_{(1)}}{I}-1 \\ ss'-CP_{(2)}, \dfrac{t_{(SP_{(2)})}-t_{(1)}}{I}\leqslant ss'\leqslant\dfrac{t_{(FP_{(3)})}-t_{(1)}}{I} \\ \vdots \\ SP_{(p-1)}, \dfrac{t_{(FP_{(p-1)})}-t_{(1)}}{I}+1\leqslant ss'\leqslant\dfrac{t_{(SP_{(p-1)})}-t_{(1)}}{I}-1 \\ ss'-CP_{(p-1)}, \dfrac{t_{(SP_{(p-1)})}-t_{(1)}}{I}\leqslant ss'\leqslant\dfrac{t_{(n)}-t_{(1)}}{I} \end{cases}。\tag{2.27}$$

将公式(2.27)拆分成两个子公式(2.28)和公式(2.29)。公式(2.28)表示计算查询开始时间 qs 落在文件中存储的时间戳上的情况。公式(2.29)表示计算查询开始时间 qs 落在各个丢失记录位置对应的时间戳上的情况。

$$ss=\begin{cases} ss'-0, 0 \leqslant ss' \leqslant \dfrac{t_{(FP_{(1)})}-t_{(1)}}{I} \\ ss'-CP_{(1)}, \dfrac{t_{(SP_{(1)})}-t_{(1)}}{I} \leqslant ss' \leqslant \dfrac{t_{(FP_{(2)})}-t_{(1)}}{I} \\ ss'-CP_{(2)}, \dfrac{t_{(SP_{(2)})}-t_{(1)}}{I} \leqslant ss' \leqslant \dfrac{t_{(FP_{(3)})}-t_{(1)}}{I} \\ \vdots \\ ss'-CP_{(p-1)}, \dfrac{t_{(SP_{(p-1)})}-t_{(1)}}{I} \leqslant ss' \leqslant \dfrac{t_{(n)}-t_{(1)}}{I} \end{cases} 。\tag{2.28}$$

$$ss=\begin{cases} SP_{(1)}, \dfrac{t_{(FP_{(1)})}-t_{(1)}}{I}+1 \leqslant ss' \leqslant \dfrac{t_{(SP_{(1)})}-t_{(1)}}{I}-1 \\ SP_{(2)}, \dfrac{t_{(FP_{(2)})}-t_{(1)}}{I}+1 \leqslant ss' \leqslant \dfrac{t_{(SP_{(2)})}-t_{(1)}}{I}-1 \\ SP_{(3)}, \dfrac{t_{(FP_{(3)})}-t_{(1)}}{I}+1 \leqslant ss' \leqslant \dfrac{t_{(SP_{(3)})}-t_{(1)}}{I}-1 \\ \vdots \\ SP_{(p-1)}, \dfrac{t_{(FP_{(p-1)})}-t_{(1)}}{I}+1 \leqslant ss' \leqslant \dfrac{t_{(SP_{(p-1)})}-t_{(1)}}{I}-1 \end{cases} 。\tag{2.29}$$

将公式(2.29)中不同分段区间对应的有效精准位置序号 $SP_{(i)}$ 用 $t_{(SP_{(i)})}$ 相对于 $t_{(1)}$ 的偏移间隔数等价替换，公式(2.29)替换之后的公式为(2.30)。

$$ss=\begin{cases} \dfrac{t_{(SP_{(1)})}-t_{(1)}}{I}-CP_{(1)}, \dfrac{t_{(FP_{(1)})}-t_{(1)}}{I}+1 \leqslant ss' \dfrac{t_{(SP_{(1)})}-t_{(1)}}{I}-1 \\ \dfrac{t_{(SP_{(2)})}-t_{(1)}}{I}-CP_{(2)}, \dfrac{t_{(FP_{(2)})}-t_{(1)}}{I}+1 \leqslant ss' \leqslant \dfrac{t_{(SP_{(2)})}-t_{(1)}}{I}-1 \\ \dfrac{t_{(SP_{(3)})}-t_{(1)}}{I}-CP_{(3)}, \dfrac{t_{(FP_{(3)})}-t_{(1)}}{I}+1 \leqslant ss' \leqslant \dfrac{t_{(SP_{(3)})}-t_{(1)}}{I}-1 \\ \vdots \\ \dfrac{t_{(SP_{(p-1)})}-t_{(1)}}{I}-CP_{(p-1)}, \dfrac{t_{(FP_{(p-1)})}-t_{(1)}}{I}+1 \leqslant ss' \leqslant \dfrac{t_{(SP_{(p-1)})}-t_{(1)}}{I}-1 \end{cases} 。\tag{2.30}$$

设 RA、SA、OA、LA 这 4 个一维数组的长度分别为 $2p$、$2p$、p、$2(p-1)$。其中，p 表示公式(2.28)中的分段数目。

RA 中存储公式(2.28)中自变量 ss' 对应的 p 个分段的 $2p$ 个端点值，即 RA 中的 $2p$ 个元素分别为：

$RA[0]=0, RA[1]=\frac{t_{(FP_{(1)})}-t_{(1)}}{I}, RA[2]=\frac{t_{(SP_{(1)})}-t_{(1)}}{I}, RA[3]=\frac{t_{(FP_{(2)})}-t_{(1)}}{I}, \cdots, RA[2p-2]=\frac{t_{(SP_{(p-1)})}-t_{(1)}}{I}, RA[2p-1]=\frac{t_{(n)}-t_{(1)}}{I}$。

OA 中存储公式(2.28)中自变量 ss' 在转换成 ss 的过程中需要减去的累计丢失记录数，即 OA 中的 p 个元素分别为：

$OA[0]=0, OA[1]=CP_{(1)}, OA[2]=CP_{(2)}, OA[3]=CP_{(3)}, \cdots,$

$OA[p-2]=CP_{(p-2)}, OA[p-1]=CP_{(p-1)}$。

LA 中存储公式(2.29)和公式(2.30)中自变量 ss' 对应的 $p-1$ 处丢失位置构成的 $p-1$ 个分段的 $2(p-1)$ 端点值，即 LA 中的 $2(p-1)$ 个元素分别为：

$$LA[0]=\frac{t_{(FP_{(1)})}-t_{(1)}}{I}+1, LA[1]=\frac{t_{(SP_{(1)})}-t_{(1)}}{I}-1,$$

$$LA[2]=\frac{t_{(FP_{(2)})}-t_{(1)}}{I}+1, LA[3]=\frac{t_{(SP_{(2)})}-t_{(1)}}{I}-1, \cdots,$$

$$LA[2(p-1)-2]=\frac{t_{(FP_{(p-1)})}-t_{(1)}}{I}+1,$$

$$LA[2(p-1)-1]=\frac{t_{(SP_{(p-1)})}-t_{(1)}}{I}-1。$$

SA 是数组 RA 通过变换推导出来的，具体通过如下两步得到 SA 中的 $2p$ 个元素。

第一步，将 RA 中的 $2p$ 个元素依次存入 SA 中对应的位置，即

$SA[0]=RA[0]$，

$SA[1]=RA[1]$，

$SA[2]=RA[2]$，

$SA[3]=RA[3]$，

…，

$SA[2p-2]=RA[2p-2]$，

$SA[2p-1]=RA[2p-1]$。

第二步，使用非负整数 $i \in \mathbf{Z}_0^+$ 中满足 $i < p-1$ 的所有 i 值来依次调整 SA 中的某些值，即 $SA[2i+2]=SA[2i+1]+1$。

显然，当 $i \in \mathbf{Z}_0^+$，且 $i < p-1$、$p \geqslant 2$ 时，RA、SA、LA 之间存在如下关系：

① $LA[2i]=SA[2i+2]$；

② $LA[2i+1]=RA[2i+2]-1$；

③ $SA[2i+2+1]=RA[2i+2+1]$；

④由关系①～③可以得到从数组 RA 和 SA 中推导出数组 LA 的结论，即 $SA=RA \cup LA$；

⑤存在区间关系 $[SA[2i+2], SA[2i+2+1]]=[LA[2i], LA[2i+1]] \cup [RA[2i+2], RA[2i+2+1]]$。

在 $t_{(1)} \leqslant qs \leqslant t_{(n)}$ 条件下，由 $SA=RA \cup LA$ 可以推导出查询开始时间 qs 对应的 ss' 肯定会落在 SA 中的某个分段区间上，即 $SA[2j] \leqslant ss' \leqslant SA[2j+1]$，其中，$j \in \mathbf{Z}_0^+$，且 $\mathrm{j} < \mathrm{p}$。同时可以得到如下条件关系式：

①当 $ss' < RA[2j]$ 时，ss' 表示落在丢失记录的分段区间上，将 ss' 的值重置为 $RA[2j]$，$OA[j]$ 的值为 ss' 所在的丢失记录分段区间所对应的累计丢失记录数，进而可以推导出 $ss=RA[2j]-OA[j]$；

②当 $ss' \geqslant RA[2j]$ 时，ss' 表示落在未丢失记录的分段区间上，ss' 的值不需要重置，$OA[j]$ 的值为 ss' 所在的未丢失记录分段区间所对应的累计丢失记录数，进而可以推导出 $ss=ss'-OA[j]$。

基于上述结论和二分查找思想提出了能够快速得到公式(2.26)或(2.27)对应的开始有效精准位置序号 ss 的算法 convert_start_query_index_to_file_index，该算法的伪代码如图 2.6 所示。

Algorithm 2.3: convert_start_query_index_to_file_index(SA,RA,OA,size, query)

Input:

SA indicating a one-dimensional array with 2p elements

RA indicating a one-dimensional array with 2p elements

OA indicating a one-dimensional array with p elements

size equalling to 2p

query indicating ss' corresponding to qs

Output:

ss indicating the sequence number in time-series file corresponding to qs

```
1 if (size <=1) then
2     return -1
3 start , end = 0 , size - 1
4 while (start <= end) do
5     if ((query < SA[start]) or (query > SA[end])) then
6         return -1
7     mid = start + (end - start)/2
8     if (query = = SA[mid]) then
9       if (query <RA[mid]) then
10            return (RA[mid] - OA[mid/2])
11        else
12            return (query - OA[mid/2])
13     else (if query < SA[mid]) then
14        if (mid % 2 = = 1) then
15            if (query >= SA[mid-1]) then
16                if (query <RA[mid-1]) then
17                    return (RA[mid-1]-OA[mid/2])
18                else
19                    return (query-OA[mid/2])
20        else if (mid % 2 = = 0) then
21            end = mid -1
22     else if (query > SA[mid]) then
23        if (mid % 2 = = 0) then
24            if (query <= SA[mid+1]) then
25                if (query <RA[mid]) then
26                    return (RA[mid]-OA[mid/2])
27                else
28                    return (query-OA[mid/2])
29            else
30                start = mid + 2
31        else if (mid % 2 = = 1) then
32            start = mid + 1
33     return -1
```

图 2.6　convert_start_query_index_to_file_index 算法的伪代码

在算法 convert_start_query_index_to_file_index 中：①常量 p 是指 $t_{(1)}$ 对应的 Key2-Value2 实例记录中 Value2 中的 Element2 实例数；②输入参数 RA、SA、OA 和 $size$ 是通过算法 construct_parameters_for_conversion 来获得的，其伪代码如图 2.7 所示；③ query 的值是通过公式(2.13)、(2.17)、(2.18)、(2.19)、(2.22)计算得到的 ss'。

```
Algorithm 2.4: construct_parameters_for_conversion(t(1))
Input:
    t(1) indicating an instance of Key2
Output:
    SA indicating a one-dimensional array with 2p elements
    RA indicating a one-dimensional array with 2p elements
    OA indicating a one-dimensional array with p elements
    size equalling to 2p
1 retrieve the Key2-Value2 corresponding to t(1)
2 get the number of Value2 and assign it to p
3 assign p to size
4 create three one-dimensional array RA with 2p elements、SA with 2p elements、OA with p
elements
5 for i = 1 to p do
6     get the ith element of Value2 and assign it to Element2
7     split Element2 into three parts: S、E、CP
8     assign (S+CP−1) to RA[2(i−1)] and SA[2(i−1)]
9     assign (E+CP−1) to RA[2(i−1)+1] and SA[2(i−1)+1]
10    assign CP to OA[i−1]
11 if p>1 then
12    for i =0 to p−1 do
13        SA[2i+2]=SA[2i+1]+1
14 return SA，RA，OA，size
```

图 2.7　construct_parameters_for_conversion 算法的伪代码

(2)获取查询结束时间 qe 在某个文件中对应的结束有效精准位置序号 se

1)当 $t_{(n)} < qe$ 时

显然 qe 在该文件中对应的结束有效精准位置序号 se 为 n。

2)当 $t_{(1)} \leqslant qe \leqslant t_{(n)}$ 时

计算 se 的公式有如下两种形式：

①无损时序数据文件

$$se = se' - 0; \tag{2.31}$$

②有损时序数据文件

$$se=\begin{cases}se'-0, t_{(1)}\leqslant qe\leqslant t_{(FP_{(1)})}\\ FP_{(1)}, t_{(FP_{(1)})}+I\leqslant qe\leqslant t_{(SP_{(1)})}-I\\ se'-CP_{(1)}, t_{(SP_{(1)})}\leqslant qe\leqslant t_{(FP_{(2)})}\\ FP_{(2)}, t_{(FP_{(2)})}+I\leqslant qe\leqslant t_{(SP_{(3)})}-I\\ se'-CP_{(2)}, t_{(SP_{(3)})}\leqslant qe\leqslant t_{(FP_{(4)})}\\ \vdots\\ se'-CP_{(p-1)}, t_{(SP_{(p-1)})}\leqslant qe\leqslant t_{(n)}\end{cases}。\tag{2.32}$$

公式(2.32)中，将所有落在第 i 处丢失记录位置所在时间范围 $[t_{(FP_{(i)})}+I, t_{(SP_{(i)})}-I]$ 内的查询结束时间 qe 对应的 se 赋值为 $FP_{(i)}$。其中，$i\in\mathbf{Z}^{+}$ 且 $i\leqslant p-1$。

将公式(2.31)和(2.32)中分段函数的端点值和 qe 转换成相对于 $t_{(1)}$ 的偏移间隔数，公式(2.31)和(2.32)转换之后的公式分别为公式(2.33)和(2.34)。

转换之后计算 se 的公式有如下两种形式：

①无损时序数据文件

$$se=se'-0, 0\leqslant se'\leqslant\frac{t_{(n)}-t_{(1)}}{I};\tag{2.33}$$

②有损时序数据文件

$$se=\begin{cases}se'-0, 0\leqslant se'\leqslant\dfrac{t_{(FP_{(1)})}-t_{(1)}}{I}\\ FP_{(1)}, \dfrac{t_{(FP_{(1)})}-t_{(1)}}{I}+1\leqslant se'\leqslant\dfrac{t_{(SP_{(1)})}-t_{(1)}}{I}-1\\ se'-CP_{(1)}, \dfrac{t_{(SP_{(1)})}-t_{(1)}}{I}\leqslant se'\leqslant\dfrac{t_{(FP_{(2)})}-t_{(1)}}{I}\\ FP_{(2)}, \dfrac{t_{(FP_{(2)})}-t_{(1)}}{I}+1\leqslant se'\leqslant\dfrac{t_{(SP_{(2)})}-t_{(1)}}{I}-1\\ se'-CP_{(2)}, \dfrac{t_{(SP_{(2)})}-t_{(1)}}{I}\leqslant se'\leqslant\dfrac{t_{(FP_{(3)})}-t_{(1)}}{I}\\ \vdots\\ FP_{(p-1)}, \dfrac{t_{(FP_{(p-1)})}-t_{(1)}}{I}+1\leqslant se'\leqslant\dfrac{t_{(SP_{(p-1)})}-t_{(1)}}{I}-1\\ se'-CP_{(p-1)}, \dfrac{t_{(SP_{(p-1)})}-t_{(1)}}{I}\leqslant se'\leqslant\dfrac{t_{(n)}-t_{(1)}}{I}\end{cases}。\tag{2.34}$$

将公式(2.34)拆分成两个子公式(2.35)和公式(2.36)。公式(2.35)表示 qe 落在文件中存储的时间戳上的情况。公式(2.36)表示 qe 落在各个丢失记录位置对应的时间戳上的情况。

$$se=\begin{cases} se'-0, 0\leqslant se'\leqslant \dfrac{t_{(FP_{(1)})}-t_{(1)}}{I} \\ se'-CP_{(1)}, \dfrac{t_{(SP_{(1)})}-t_{(1)}}{I}\leqslant se'\leqslant \dfrac{t_{(FP_{(2)})}-t_{(1)}}{I} \\ se'-CP_{(2)}, \dfrac{t_{(SP_{(2)})}-t_{(1)}}{I}\leqslant se'\leqslant \dfrac{t_{(FP_{(3)})}-t_{(1)}}{I} \\ \vdots \\ se'-CP_{(p-1)}, \dfrac{t_{(SP_{(p-1)})}-t_{(1)}}{I}\leqslant se'\leqslant \dfrac{t_{(n)}-t_{(1)}}{I} \end{cases}。\tag{2.35}$$

$$se=\begin{cases} FP_{(1)}, \dfrac{t_{(FP_{(1)})}-t_{(1)}}{I}+1\leqslant se'\leqslant \dfrac{t_{(SP_{(1)})}-t_{(1)}}{I}-1 \\ FP_{(2)}, \dfrac{t_{(FP_{(2)})}-t_{(1)}}{I}+1\leqslant se'\leqslant \dfrac{t_{(SP_{(2)})}-t_{(1)}}{I}-1 \\ FP_{(3)}, \dfrac{t_{(FP_{(3)})}-t_{(1)}}{I}+1\leqslant se'\leqslant \dfrac{t_{(SP_{(3)})}-t_{(1)}}{I}-1 \\ \vdots \\ FP_{(p-1)}, \dfrac{t_{(FP_{(p-1)})}-t_{(1)}}{I}+1\leqslant se'\leqslant \dfrac{t_{(SP_{(p-1)})}-t_{(1)}}{I}-1 \end{cases}。\tag{2.36}$$

将公式(2.36)中不同分段区间对应的有效精准位置序号 $FP_{(i)}$ 用 $t_{(FP_{(i)})}$ 相对于 $t_{(1)}$ 的偏移间隔数等价替换,公式(2.36)替换之后的公式为(2.37)。

$$se=\begin{cases} \dfrac{t_{(FP_{(1)})}-t_{(1)}}{I}-0, \dfrac{t_{(FP_{(1)})}-t_{(1)}}{I}+1\leqslant se'\leqslant \dfrac{t_{(SP_{(1)})}-t_{(1)}}{I}-1 \\ \dfrac{t_{(FP_{(2)})}-t_{(1)}}{I}-CP_{(1)}, \dfrac{t_{(FP_{(2)})}-t_{(1)}}{I}+1\leqslant se'\leqslant \dfrac{t_{(SP_{(2)})}-t_{(1)}}{I}-1 \\ \dfrac{t_{(FP_{(3)})}-t_{(1)}}{I}-CP_{(2)}, \dfrac{t_{(FP_{(3)})}-t_{(1)}}{I}+1\leqslant se'\leqslant \dfrac{t_{(SP_{(3)})}-t_{(1)}}{I}-1 \\ \vdots \\ \dfrac{t_{(FP_{(p-1)})}-t_{(1)}}{I}-CP_{(p-2)}, \dfrac{t_{(FP_{(p-1)})}-t_{(1)}}{I}+1\leqslant se'\leqslant \dfrac{t_{(SP_{(p-1)})}-t_{(1)}}{I}-1 \end{cases}。\tag{2.37}$$

由于公式(2.33)、(2.34)、(2.35)、(2.36)中的自变量 se' 对应的各分段端点值及 p 个累计丢失记录数与公式(2.26)、(2.27)、(2.28)、(2.29)一致，故本节中使用的数组 RA、SA、OA、LA 大小和存储的数据，以及 RA、SA、LA 三者之间存在的关系都与“获取查询开始时间 qs 在某个文件中对应的开始有效精准位置序号 ss ”中这些变量的定义和值相同。

在 $t_{(1)} \leqslant qe \leqslant t_{(n)}$ 条件下，由 $SA = RA \cup LA$ 可以推导出 qe 对应的 se' 肯定会落在 SA 中的某个分段区间上，即 $SA[2j] \leqslant se' \leqslant SA[2j+1]$ ，其中，$j \in \mathbf{Z}_0^+$ 且 $j < p$ 。同时可以得到如下条件关系式：

①当 $se' < RA[2j]$ 时，se' 表示落在丢失记录的分段区间上，将 se' 的值重置为 $RA[2j-1]$ ，$OA[j-1]$ 的值为 se' 所在的丢失记录分段区间所对应的累计丢失记录数，进而可以推导出 $se = RA[2j-1] - OA[j-1]$ ；

②当 $se' \geqslant RA[2j]$ 时，se' 表示落在未丢失记录的分段区间上，se' 的值不需要重置，$OA[j]$ 的值为 se' 所在的未丢失记录分段区间所对应的累计丢失记录数，进而可以推导出 $se = se' - OA[j]$ 。

基于上述条件关系式和二分查找思想，提出了伪代码如图 2.8 所示的算法 convert_end_query_index_to_file_index。该算法能够快速得到公式(2.33)或(2.34)对应的结束有效精准位置序号 se 。该算法中：①常量 p 是指 $t_{(1)}$ 对应的 Value2 中的 Element2 实例数；②输入参数 RA、SA、OA 和 $size$ 通过如图 2.7 所示的算法来获得；③query 的值是通过公式(2.15)、(2.20)、(2.21)、(2.23)计算得到的 se' 。

```
Algorithm 2.5: convert_end_query_index_to_file_index(SA,RA,OA,size,query)
Input:
    SA indicating a one-dimensional array with 2p elements
    RA indicating a one-dimensional array with 2p elements
    OA indicating a one-dimensional array with p elements
    size equalling to 2p
    query indicating se' corresponding to qe
Output:
    se indicating the sequence number in time-series file corresponding to qe
1 if (size <=1) then
2       return -1
3 start , end = 0 , size - 1
4 while (start <= end) do
5       if ((query < SA[start]) or (query > SA[end])) then
```

```
6         return -1
7      mid = start + (end - start)/2
8      if (query = = SA[mid]) then
9         if (query <RA[mid]) then
10            return (RA[mid-1] - OA[(mid/2)-1])
11        else
12            return (query - OA[mid/2])
13     else (if query < SA[mid]) then
14         if (mid % 2 = = 1) then
15             if (query >= SA[mid-1]) then
16                 if (query <RA[mid-1]) then
17                     return (RA[mid-2]-OA[(mid/2)-1])
18                 else
19                     return (query-OA[mid/2])
20         else if (mid % 2 = = 0) then
21             end = mid -1
22     else if (query > SA[mid]) then
23         if (mid % 2 = = 0) then
24             if (query <= SA[mid+1]) then
25                 if (query <RA[mid]) then
26                     return (RA[mid-1]-OA[mid/2-1])
27                 else
28                     return (query-OA[mid/2])
29             else
30                 start = mid + 2
31         else if (mid % 2 = = 1) then
32             start = mid + 1
33     return -1
```

图 2.8 convert_end_query_index_to_file_index 算法的伪代码

2.3.3.3 推导出符合检索条件的记录集合

针对构造的记录结构，提出了 derive_records_and_filter 算法来推导出某个文件中符合特定查询条件的记录集合，其伪代码如图 2.9 所示。该算法需要输入文件名（filename）、文件中第一个记录对应的数据类型（$c_{(1)}$）和时间戳（$t_{(1)}$）、文件中从第一个记录开始的数据类型排列次序（$c_1c_2\cdots c_T$）、文件中记录的逻辑关系（value2）、查询的开始有效精准位置序号（ss）、查询的结束有效精准位置序号（se）、查询的数据类型集合（QC）。

```
Algorithm 2.6: derive_records_and_filter(filename,c(1),t(1),c1c2…cT,value2,ss,se,QC)
Input:
    filename indicating a file that may contain the required records
    c(1) indicating the type corresponding to the first time-series data record
    t(1) indicating the timestamp corresponding to the first time-series data record
    c1c2…cT indicating the type permutation from the first time-series data record
    value2 indicating the logical relationship of time-series data records in this file
    ss indicating the start index corresponding to qs in this file
    se indicating the end index corresponding to qe in this file
    QC indicating the query data types set
Output:
    TRB indicating one two-dimensional array for time-series data record satisfied the search
condition
1 get the number of value2 and assign it to v_length
2 get the number of types in c1c2…cT and assign it to T
3 store c1、c2、…、cT into the array DT, i.e., DT=[c1、c2、…、cT]
4 create two-dimensional array TRA and TRB
5 for i = 1 to v_length do
6     get the ith element from value2 and assign it to element2
7         split S、E、CP from element2
8         for j = S to E do
9             if (j>= ss and j<= se) then
10                calculate offset with the equation (2.3)
11                calculate timestamp ts using equation (2.13) with t(1) and CP
12                calculate data type dt using equation (2.14) with DT and CP
13                append tuple (filename,offset,dt,ts) into the arrayTRA[dt]
14 get the number of types in QC and assign it to QC_length
15 for i = 1 to QC_length do
16     get the ith data type in QC and assign it to data_type
17     if data_type exists in DT then
18         TRB[data_type] = TRA[data_type]
19     else
20         TRB[data_type] = [ ]
21 return TRB
```

图 2.9　derive_records_and_filter 算法的伪代码

2.4　性能分析与讨论

为了分析负数据库模型的性能，使用如下模拟实验数据和假设条件：①有 M 个文件，且每个文件有 N 个按照时间先后顺序存放的记录；②假设从一个记录中抽取出元数据信息的时间复杂度、构建一个 Element2 实例的时间复杂度、构建一个 Key-Value 实例的时间复杂度及存储一个 Key-Value 实例的时间复杂度都相同。

同时，将在如下两种极端情况下对负数据库的性能进行分析与讨论：①在 M 个文件都是无损时序数据文件时，分析与讨论负数据库的最优性能；②在 M 个文件都是有损时序数据文件且每个文件中都存在 $N-1$ 处记录丢失时，分析与讨论负数据库的最差性能。

将需要存储文件中每一个记录元数据信息的数据管理方法称为常用数据管理方法。同时，假设存储一个常用数据管理方法中的记录实例的时间复杂度与存储一个负数据库中的 Key-Value 实例的时间复杂度相同。

2.4.1　记录数分析

对于常用数据管理方法来说，它需要存储 MN 个记录的元数据信息，即常用数据管理方法有 MN 个记录。然而，对于负数据库来说，由于一个文件对应一个 Key1-Value1 记录和一个 Key2-Value2 记录，因此，负数据库只需要存储 $2M$ 个基于文件元数据信息的记录，即负数据库有 $2M$ 个记录。

因此，负数据库所需存储的记录数是常用数据管理方法的 $\frac{2}{N}$ 倍。也就是说，当 $N=1$ 时，负数据库所需存储的记录数是常用数据管理方法的 2 倍；当 $N=2$ 时，负数据库所需存储的记录数等于常用数据管理方法所需存储的记录数；当 $N>2$ 时，随着 N 的增大，负数据库所需存储的记录数相对于常用数据管理方法所需存储的记录数将越来越小。

2.4.2 最优性能分析

负数据库的最优性能分析基于如下前提条件：①M 个文件全部是无损时序数据文件，即每个文件中都不存在记录丢失；②每个文件中包含的记录数 $N>2$。

1. 记录入库（记录的构造与存储）

（1）负数据库的记录入库时间复杂度

从负数据库存储文件元数据信息所需的两种 Key-Value 可知，需要分两步来分别对 Key1-Value1 和 Key2-Value2 进行构造和存储。对于一个无损时序数据文件对应的 Key-Value 记录的构造与存储需要进行以下两个主要步骤：①抽取文件中首尾记录对应的元数据信息，然后使用抽取出的元数据信息构造 Key1-Value1 记录；②由于文件不存在记录丢失，依据抽取出的元数据信息构造 Key2-Value2 记录，且由“2.3.1　记录结构”和算法“Algorithm 2.1”可知 Value2 中只有一个 Element 2 实例。

因此，对于该模拟实验数据来说，负数据库需要 $2M$ 次抽取元数据信息操作、M 次构建 Key1-Value1 实例操作、M 次构建 Element 2 实例操作、M 次构建 Key2-Value2 实例操作、M 次存储 Key1-Value1 实例操作及 M 次存储 Key2-Value2 实例操作，即总共需要 $7M$ 次基本操作就可以完成所有文件对应的 Key-Value 记录的构造与存储过程。因此，负数据库对应的记录入库时间复杂度为 $O(M)$。

（2）常用数据管理方法的记录入库时间复杂度

由于常用数据管理方法需要为每个文件中的每个记录构造对应的元数据信息记录，因此，对于常用数据管理方法来说，需要抽取每一个记录中的相应元数据信息。也就是说，对于该模拟实验数据来说，常用数据管理方法需要 MN 次抽取元数据信息操作及 MN 次存储元数据信息记录的操作，即总共需要 $2MN$ 次基本操作就可以完成所有文件对应的元数据信息记录的构造与存储过程。因此，常用数据管理方法对应的记录入库时间复杂度为 $O(MN)$。

因此，对于同样数量的文件，负数据库完成记录入库需要的基本操作数是常用数据管理方法的 $\frac{7}{2N}$ 倍。也就是说，当 $N=1,2,3$ 时，负数据库在记录入库方面的性能比常用数据管理方法低；当 $N \geqslant 4$ 时，随着 N 的增大，负数据库在记录入库方面的性能会比常用数据管理方法越来越高。

2. 数据检索（记录对应的元数据信息检索）

（1）负数据库的数据检索时间复杂度

由负数据库定义的两种形式 Key-Value 记录格式和“2.3.3　数据检索”中记录的检索过程可知，从负数据库中获取（检索）出某个时间对应记录的元数据信息需要进行以下 3 个主要步骤：①找到查询时间对应的 Key1-Value1，即查询时间对应的文件；②取出 Key1-Value1 对应的 Key2-Value2；③利用 Key1-Value1 和 Key2-Value2 推导出查询时间对应记录所对应的元数据信息。

上述 3 个主要步骤对应的时间复杂度分析：①由于模拟实验数据产生了 M 个 Key1-Value1，因此，遍历出查询时间对应的 Key1-Value1 的时间复杂度为 $O(M)$；②由于 Key1-Value1 中存储的文件中第一个记录对应的时间戳是 Key2-Value2 中 Key2 的值，因此，在已知 Key1-Value1 时，从 M 个 Key2-Value2 实例中遍历出 Key2 对应的 Key2-Value2 实例的时间复杂度也为 $O(M)$；③由于无损时序数据文件对应的 Key2-Value2 中的 Element 2 实例只有一个，因此，从 Key2-Value2 推导出符合查询时间的记录对应的元数据信息的时间复杂度为 $O(1)$。因此，负数据库对应的数据检索时间复杂度为 $O(M)$。

（2）常用数据管理方法的数据检索时间复杂度

常用数据管理方法获取（检索）某个查询时间对应记录所对应的元数据信息，也是通过遍历的方式来查找。对于常用数据管理方法来说，模拟实验数据产生了 MN 个记录，因此，常用数据管理方法对应的数据检索时间复杂度为 $O(MN)$。

从上述分析的数据检索时间复杂度可知，负数据库在数据检索方面的性能比常用数据管理方法高。

2.4.3　最差性能分析

负数据库的最差性能分析基于如下前提条件：①M 个文件全部是有损时序数据文件，且每个文件中都存在 $N-1$ 处记录丢失；②每个文件中包含的记

录数 $N>2$。

1. 记录入库(记录的构造与存储)

(1)负数据库的记录入库时间复杂度

从负数据库存储文件元数据信息所需的两种 Key-Value 可知,需要分两步来分别对 Key1-Value1 和 Key2-Value2 进行构造和存储。对于一个存在 $N-1$ 处记录丢失的有损时序数据文件对应的 Key-Value 记录的构造与存储也需要进行以下两个主要步骤:①抽取文件中首尾记录对应的元数据信息,然后使用抽取出的元数据信息构造 Key1-Value1;②由于文件中存在 $N-1$ 处记录丢失,需要遍历文件 N 个记录中的相应元数据信息来构造 Key2-Value2,且由"2.3.1　记录结构"和算法"Algorithm 2.1"可知 Value2 中需要有 N 个 Element2 实例。

因此,对于模拟实验数据来说,负数据库需要 $2M$ 次抽取元数据信息操作用于构建 M 个 Key1-Value1 实例,M 次构建 Key1-Value1 实例操作,MN 次抽取元数据信息操作用于构建 M 个 Key2-Value2 实例,$M(N-1)$次比较操作用于判断相邻两个记录之间有没有数据丢失,MN 次构建 Element2 实例操作,M 次构建 Key2-Value2 实例操作,M 次存储 Key1-Value1 实例操作,以及 M 次存储 Key2-Value2 实例操作,即总共需要 $M(3N+5)$次基本操作就可以完成所有文件对应的 Key-Value 记录的构造与存储过程。因此,负数据库对应的记录入库时间复杂度为 $O(MN)$。

(2)常用数据管理方法的记录入库时间复杂度

由于常用数据管理方法需要为每个文件中的每个记录构造与存储对应的元数据信息记录,因此,无论文件是有损时序数据文件还是无损时序数据文件都不会影响常用数据管理方法的记录构造与存储时间复杂度。也就是说,对于此组模拟实验数据来说,常用数据管理方法依然只需要 $2MN$ 次基本操作就可以完成所有文件对应的记录构造与存储过程,且记录入库的时间复杂度仍然为 $O(MN)$。

从上述分析的记录入库时间复杂度可知:①负数据库在记录入库方面与常用数据管理方法的时间复杂度相同,都为 $O(MN)$;②对于同样数量的文件,负数据库完成记录入库需要的基本操作数是常用数据管理方法的 $\frac{3N+5}{2N}$ 倍,这将会导致负数据库在记录入库方面的性能比常用数据管理方法还要低。

2. 数据检索(记录对应的元数据信息检索)

(1)负数据库的数据检索时间复杂度

由负数据库定义的两种形式 Key-Value 记录格式和“2.3.3　数据检索”中记录的检索过程可知,从负数据库中获取(检索)出某个时间对应记录的元数据信息需要进行以下 4 个步骤:①找到查询时间对应的 Key1-Value1,即查询时间对应的文件;②取出 Key1-Value1 对应的 Key2-Value2;③利用二分查找思想获得查询时间所在的具体区间,即查询时间所在具体 Element2 实例;④利用 Key1-Value1 和查询时间所在的具体 Element2 实例推导出查询时间对应记录所对应的元数据信息。

上述 4 个步骤对应的时间复杂度分析:①由于模拟实验数据共产生 M 个 Key1-Value1,因此,遍历出查询时间对应的 Key1-Value1 的时间复杂度依然为 $O(M)$;②由于 Key1-Value1 中存储的文件中第一个记录对应的时间戳是 Key2-Value2 中 Key2 的值,即在已知 Key1-Value1 时,从 M 个 Key2-Value2 实例中遍历出 Key2 对应的 Key2-Value2 实例的时间复杂度依然为 $O(M)$;③由于存在 $N-1$ 处记录丢失的有损时序数据文件对应的 Key2-Value2 中 Element2 实例有 N 个,因此,利用二分查找思想获取查询时间对应的具体 Element2 实例(有效区间)的时间复杂度为 $O(\log_2 N)$;④从查询时间对应的具体 Element2 实例和 Key1-Value1 推导出符合查询时间对应记录所对应的元数据信息的时间复杂度依然为 $O(1)$。因此,负数据库对应的数据检索时间复杂度为 $O(M+\log_2 N)$。

(2)常用数据管理方法的数据检索时间复杂度

由于常用数据管理方法需要存储为每个文件中的每个记录构造的相应元数据信息记录,因此,无论文件是有损时序数据文件还是无损时序数据文件,常用数据管理方法需要存储的记录数都为 MN。因此,通过遍历的方式,常用数据管理方法对应的数据检索时间复杂度为 $O(MN)$。

从上述分析的数据检索时间复杂度可知,负数据库在数据检索方面的性能比常用数据管理方法高。

2.4.4　讨论

通过对负数据库在特定条件下的记录数、最优性能及最差性能的分析可以得出如下结论。

1. 记录数

负数据库所需存储的记录数是常用数据管理方法的$\frac{2}{N}$倍:①显然,当$N>2$时,负数据库所需存储的记录数小于常用数据管理方法;②当$N=2$时,负数据库所需存储的记录数等于常用数据管理方法;③当$N=1$时,负数据库所需存储的记录数大于常用数据管理方法。

2. 记录入库(记录的构造与存储)时间复杂度

(1)当满足最差性能的条件时,负数据库的记录入库时间复杂度达到最大值$O(MN)$。尽管负数据库的记录入库时间复杂度$O(MN)$等于常用数据管理方法的记录入库时间复杂度$O(MN)$,但是负数据库需要的基本操作数是常用数据管理方法的$\frac{3N+5}{2N}$倍,这将会导致负数据库在记录入库方面的性能比常用数据管理方法还要低。

(2)当满足最优性能的条件时,负数据库的记录入库时间复杂度达到最小值$O(M)$,同时负数据库需要的基本操作数是常用数据管理方法的$\frac{7}{2N}$倍:①显然,当$N>4$时,负数据库的记录入库时间复杂度小于常用数据管理方法的记录入库时间复杂度$O(MN)$,即负数据库在记录入库方面的性能比常用数据管理方法高;②当$N=1,2,3$时,负数据库在记录入库方面的性能比常用数据管理方法低。

(3)当要处理的文件处于满足最差性能条件和最优性能条件之间时,负数据库的记录入库时间复杂度处于最小值$O(M)$和最大值$O(MN)$之间。

单纯从时间复杂度来看,负数据库的记录入库性能整体上优于常用数据管理方法,但是当考虑到记录入库所需的基本操作数时,在要处理文件中的有损时序数据文件达到一定比例时,负数据库的记录入库性能会比常用数据管理方法低。

3. 数据检索(记录对应的元数据信息检索)时间复杂度

(1)当满足最差性能的条件时,负数据库的数据检索时间复杂度达到最大值$O(M+\log_2 N)$:①显然,当$N>1$时,该值小于常用数据管理方法的数据检索时间复杂度$O(MN)$;②当$N=1$时,该值等于常用数据管理方法的数据检索时间复杂度$O(MN)$。

(2)当满足最优性能的条件时,负数据库的数据检索时间复杂度达到最小值 $O(M)$:①显然,当 $N>1$ 时,该值小于常用数据管理方法的数据检索时间复杂度 $O(MN)$;②当 $N=1$ 时,该值等于常用数据管理方法的数据检索时间复杂度 $O(MN)$。

(3)当要处理的文件处于满足最差性能条件和最优性能条件之间时,负数据库的数据检索时间复杂度处于最小值 $O(M+\log_2 N)$ 和最大值 $O(M)$ 之间:①当 $N>1$ 时,该值小于常用数据管理方法的数据检索时间复杂度 $O(MN)$,即负数据库的数据检索性能优于常用数据管理方法;②当 $N=1$ 时,该值等于常用数据管理方法的数据检索时间复杂度 $O(MN)$,即负数据库的数据检索性能与常用数据管理方法相当。

单纯从时间复杂度来看,负数据库的数据检索性能总体上会优于常用数据管理方法。

2.5　本章小结

为了提高海量射电天文观测数据的存储与检索性能,本章重点讨论了如下工作。

第一,在介绍时序数据和时序数据管理的基础上,结合科学数据采集设备产生的观测数据具有固定的采样间隔和固定数量的观测数据记录按序存放在文件中的时序数据特征,提出一种以文件逻辑关系为管理对象的数据管理方法,即以集合中的补集思想为核心的面向时序数据的负数据库系统。

第二,在介绍负数据库记录结构、入库及检索的过程中,通过严格的理论证明负数据库系统能够从构造的文件逻辑关系(定义的两种形式负数据库记录)中推导出文件中存在记录对应的相关元数据信息,即从理论上证明了负数据库系统的正确性。

第三,在负数据库系统的性能分析中,通过理论分析证明了负数据库系统与常用数据管理方法相比能够大大降低所要入库的记录数,获得较低的记录入库时间复杂度和数据检索时间复杂度,即负数据库需要入库的记录数是常用数据管理方法的$\frac{2}{N}$倍;负数据库系统的记录入库时间复杂度处于 $O(M)$ 和 $O(MN)$ 之间,然而常用数据管理方法的记录入库时间复杂度为 $O(MN)$;负数据库系统的数据检索时间复杂度处于$O(M)$和$O(M+\log_2 N)$之间，然而常用数据管理方法的数据检索时间复杂度为$O(MN)$。其中，N为观测数据文件中固定的观测数据记录数，M为要处理的观测数据文件数。也就是说，负数据库系统能够在一定程度上克服常用数据管理方法以单一时序数据为管理对象而忽略时序数据具有的时序数据特征造成的要入库的记录数急剧增加、数据检索性能恶化等不足。

总体来看，本章的理论研究能够为天文海量数据管理解决高效存储与检索方面的部分关键问题，从而在一定程度上提升整个天文海量数据管理的总体功能。

第三章 观测数据远程传输

为了提高海量射电天文观测数据在数据共享/异地归档中的传输速度，本章首先在简要介绍 SKA 这类大型射电望远镜类似应用需求的基础上，对当前天文领域中一个被广泛应用的下一代归档存储系统（NGAS）进行简介；其次在分析 NGAS 数据同步传输和数据归档流程的基础上，将其用于数据同步传输的消息传输模型抽象出的带重传的同步消息传输模型——出错重传方法；再次针对出错重传方法存在需要等待对端反馈消息而降低数据消息传输效率的不足，提出了带状态检测和重传功能的两路异步消息传输模型——高效消息传输模型，并从理论上对高效消息传输模型与出错重传方法进行分析与对比；最后基于高效消息传输模型实现了一套可以运行的高效数据传输系统，并通过性能测试来验证该系统具有很高的数据传输速度。

3.1 应用需求

由中国、澳大利亚、南非、英国等国家共同参与建设的平方公里阵列（Square Kilometer Array，SKA）望远镜将是世界上最大的天文实验装置，具有超高的灵敏度、超快的巡天速度和超宽的视场[26,111]。SKA 望远镜由分布在澳大利亚西部沙漠上工作频率为 50～350 MHz 的低频天线和南非及非洲其他地区工作频率为 350 MHz～15 GHz 的中高频天线构成，其总接收面积达到 1 平方千米[112-113]。SKA 将产生海量的观测数据，在 SKA1 阶段，每秒产生高达数十 TB 的原始数据，需要长期保存的科学数据每年新增 50～300 PB；在 SKA2 阶段，每年新增的科学数据将会达到 SKA1 阶段的 100 倍[26,114]。

为了应对站址国（澳大利亚和南非）当前面临的电源功耗、经费预算和数据处理能力的限制等相关问题，SKA 提出建设区域数据中心，实现数据的异地存储与归档，并通过各国科学数据中心的建设来推动科学研究工作。

这一目标的达成显然要求海量的观测数据能够高速地从站址国的数据中心传输到各个区域数据中心，从当前的技术水平来看，这一需求具有非常大的挑战。

因此，很有必要研究当前天文领域被广泛应用的下一代归档存储系统NGAS，并在研究NGAS被用于数据同步传输的相关功能的基础上，提出具有更高传输效率的数据消息传输模型，进而基于高效的数据消息传输模型实现高速的数据传输系统。

3.2 NGAS介绍

NGAS是一套用Python开发的功能非常丰富的归档处理和管理系统。NGAS的核心是一个多线程并发HTTP服务器(ngamsServer)。NGAS① 基于HTTP的POST、GET、PUT 3种方法实现了20多个自定义命令。这些命令的主要功能是实现数据归档与检索、自动镜像数据、离线数据传输、数据订阅(数据传输与同步)等。NGAS在每个站点都有一个本地关系型数据库来保存有关的文件元数据和其他信息。经过定制和优化的NGAS能够有效应对MWA以每秒大约400 MB速率连续生成可见度数据产品带来的挑战；同时，优化过的NGAS基本上也能确保在Perth上归档的MWA数据能够部分同步镜像到MIT和VUW[40]。

图3.1展示了NGAS的启动流程。本节接下来主要介绍NGAS中与(远程传输)异地归档有关的数据同步传输功能和数据归档功能。

① https://ngas.readthedocs.io/en/latest/index.html。

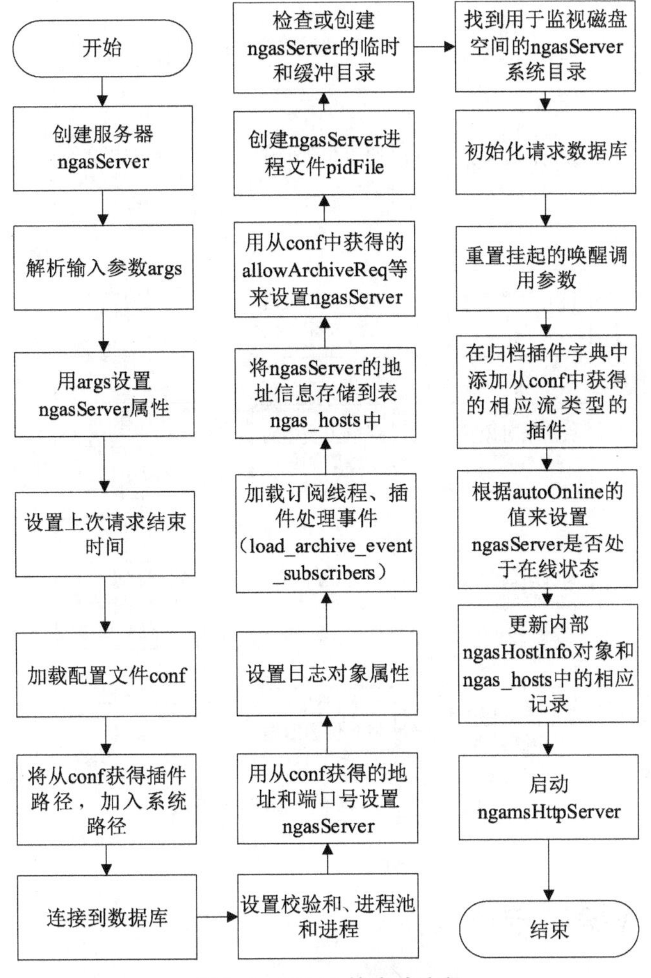

图 3.1　NGAS 的启动流程

3.2.1　数据归档功能

NGAS 可以使用推送技术完成数据文件的归档，也可以使用拉取的方式完成数据文件的归档。推送技术主要基于 HTTP 的 GET 和 PUT 方法来实现，拉取技术主要基于 HTTP 的 POST 方法来实现。NGAS 的数据归档流程如图 3.2 所示。

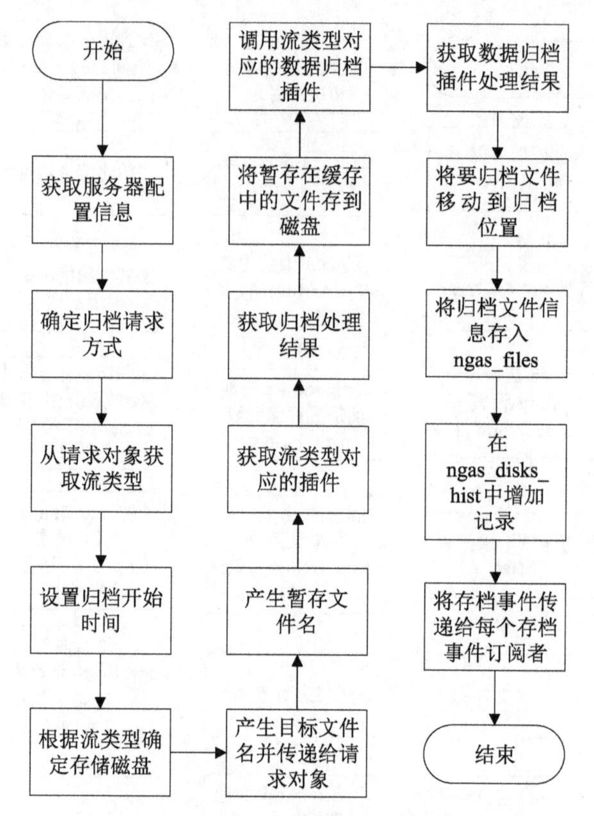

图 3.2 NGAS 的数据归档流程

3.2.2 数据同步功能

NGAS 的数据同步功能是由 NGAS 数据订阅线程调度的订阅者对应的数据发送线程来完成的。NGAS 数据订阅线程的执行流程如图 3.3 所示。NGAS 数据订阅线程主要负责调度相应订阅者对应的数据发送线程。NGAS 数据发送线程真正负责将数据文件从 NGAS 服务器端发送到数据订阅者手中,并维护数据库中的相应数据表。NGAS 数据发送线程的执行流程如图 3.4 所示。

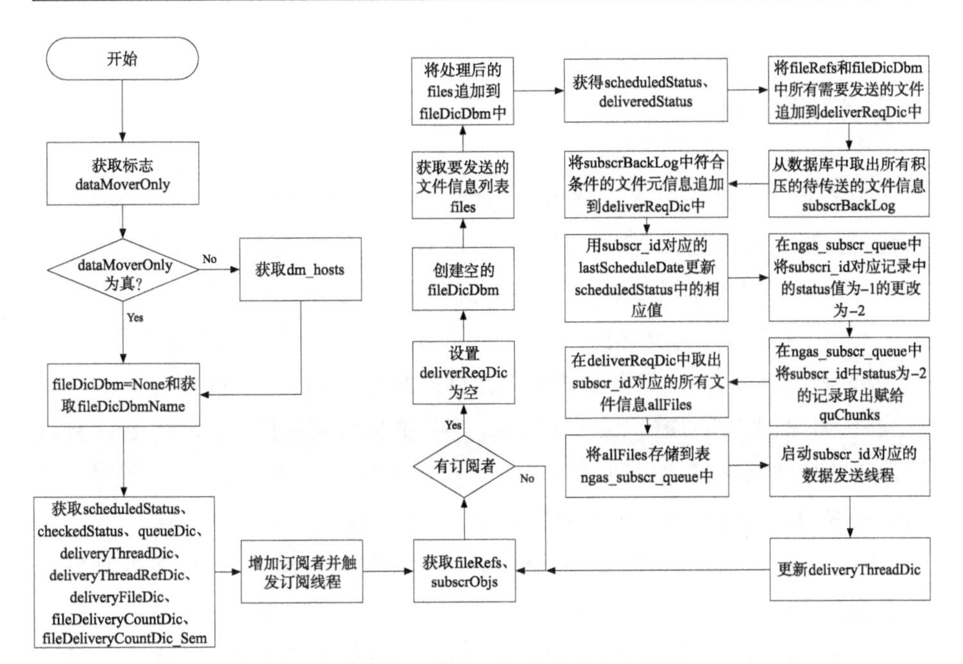

图 3.3　NGAS 数据订阅线程的执行流程

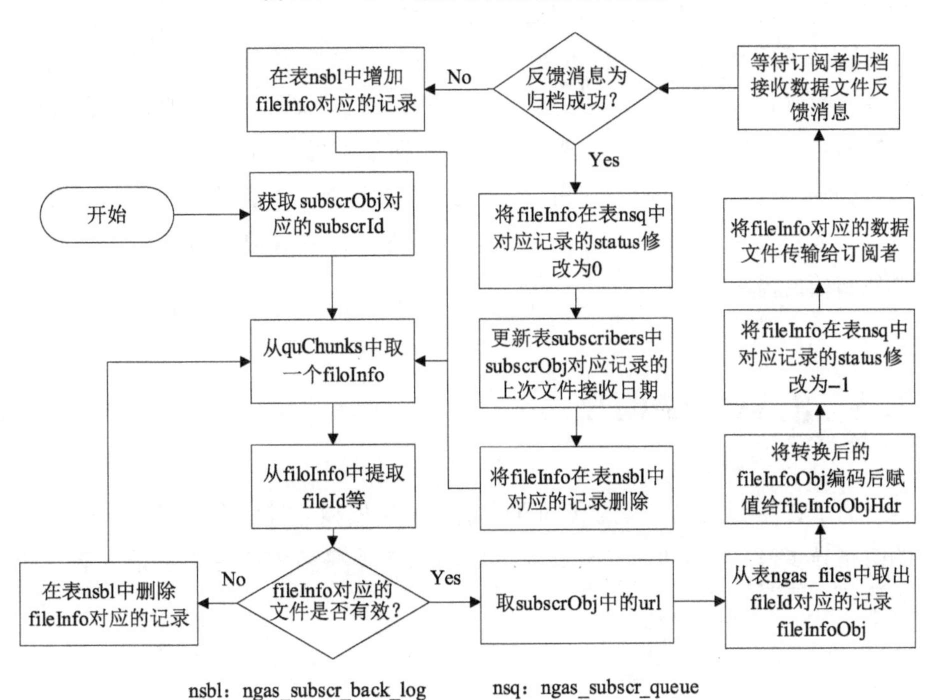

图 3.4　NGAS 数据发送线程的执行流程

3.2.3 远程传输

为了使用NGAS来实现将本地(数据发布端)的数据文件远程传输(异地归档)到远端(数据订阅端)的数据中心,需要在本地和远端的数据中心同时部署NGAS。数据发布端与数据订阅端之间实现的数据远程传输的流程如下:

Step1,数据发布端的ngamsServer使用HTTP协议封装数据文件;

Step2,将封装好的数据文件向数据订阅端的ngamsServer发送;

Step3,数据发布端的ngamsServer等待数据订阅端的ngamsServer处理完接收的该数据文件之后回复的成功归档该数据文件的消息,如果超时未收到订阅端的成功处理反馈消息,转到Step4,否则转到Step5;

Step4,数据发布端的ngamsServer处理接收到的反馈消息,当处理完该反馈消息之后转到Step1;

Step5,数据发布端的ngamsServer启动重发机制来重新发送未收到被成功归档消息对应的数据文件,然后转到Step3。

NGAS实现的远程传输流程存在如下缺点:数据发布端每发送一个数据文件给数据订阅端都需要等待数据订阅端对接收的文件归档成功之后回复的反馈消息。该缺点在一定程度上会造成数据消息的传输速度和传输效率降低,进而导致高带宽资源的浪费、高性能数据发送服务器资源的浪费及高性能接收服务器资源的浪费,甚至会导致数据文件积压在数据发布端而无法满足异地归档的需求。

3.3 消息传输模型

为了方便后文叙述带重传的同步消息传输模型与带状态检测和重传功能的两路异步消息传输模型,本章定义的消息传输模型中的主要术语如表3.1所示。

表 3.1 消息传输模型中的主要术语

术语名称	术语说明
SMS	同步消息传输模型中的数据消息发送方
SMR	同步消息传输模型中的数据消息接收方
STOR	同步消息传输模型中的数据消息超时重传时间
M	消息传输模型中发送的数据消息
F	消息传输模型中发送的反馈消息
AMS	异步消息传输模型中的数据消息发送方
AMR	异步消息传输模型中的数据消息接收方
AFS	异步消息传输模型中的反馈消息发送方
AFR	异步消息传输模型中的反馈消息接收方
ATOR	异步消息传输模型中的数据消息超时重传时间

3.3.1 带重传的同步消息传输模型

为了分析或找到 NGAS 在实现数据远程传输(异地归档)中面临的性能瓶颈,在分析 NGAS 中数据归档功能、数据同步功能及远程传输的基础上,提出带重传的同步消息传输模型——出错重传的方法,该模型能够形象地描述 NGAS 在实现数据远程传输中的消息传输模型。同时,带重传的同步消息传输模型(出错重传的方法)被广泛应用于当前很多远程数据传输技术中[115-117]。

1. 模型介绍

带重传的同步消息传输模型主要涉及同步消息传输和重传。

(1)带重传的同步消息传输模型中的同步消息传输主要包括如下关键步骤:

Step1,数据消息发送方 SMS 向数据消息接收方 SMR 发送数据消息 M 且启动 M 对应的超时重传计时器;

Step2,SMR 收到 M 之后需要对 M 中的文件信息进行归档处理,然后 SMR 向 SMS 回复反馈消息 F;

Step3,SMS 收到 SMR 对 M 的反馈消息 F 之后就可以认为 M 这条消息发送成功(SMR 顺利接收到 M 并成功将其处理);

Step4，在 SMS 收到 F 之前且未超过 SMS 在发送 M 时设置的超时重传时间（STOR）时，SMS 将一直处于阻塞等待状态；

Step5，只有当 SMS 收到 M 对应的 SMR 回复的 F 或等待时间超过 STOR 时，SMS 才能继续向 SMR 发送下一条数据消息 M，或者重新发送等待时间达到 STOR 时仍未收到 M 对应的 F 的数据消息 M。

（2）带重传的同步消息传输模型中的重传是指 SMS 在发送完某个数据消息 M 之后等待时间超过 STOR 时仍然没有收到 M 对应的反馈消息 F，SMS 重新发送该数据消息 M 给 SMR，并等待 SMR 对 M 回复的反馈消息 F，且对同一数据消息的重发次数不超过固定次数 N。

2. 性能评估

带重传的同步消息传输模型成功传输一个数据文件所需的时间 $T_{total\text{-}S}$ 的计算公式为：

$$T_{total\text{-}S}=T_{SR}+T_{RS}\text{。} \tag{3.1}$$

其中，T_{SR} 表示从数据消息发送方准备发送一个数据消息到该数据消息被数据消息接收方成功接收这一过程所需的时间；T_{RS} 表示从数据消息接收方开始处理该数据消息到数据消息发送方成功处理数据消息接收方回复的反馈消息这一过程所需的时间。

T_{SR} 的计算公式为：

$$T_{SR}=T_{prep\text{-}M}+T_{que\text{-}M}+T_{prop\text{-}M}+T_{tra\text{-}M}+T_{lat\text{-}M}\text{。} \tag{3.2}$$

其中，$T_{prep\text{-}M}$ 表示数据消息准备时间，即从开始定位特定的数据文件到将文件中的数据封装成特定格式的数据消息所需的时间；$T_{que\text{-}M}$ 表示数据消息在网络中多个设备同时在网络上发送数据时所需的排队延时；$T_{prop\text{-}M}$ 表示电信号或光信号从数据消息发送方传播到数据消息接收方所需的时间，即数据消息从消息发送方到消息接收方的传播延时；$T_{tra\text{-}M}$ 表示数据消息传输延时，即以给定传输速率传输某个数据消息所需的时间；$T_{lat\text{-}M}$ 表示所有路由器或交换机等网络中间数据交换设备将数据消息从一个接口传送到另一个接口所需的总执行时间。

T_{RS} 的计算公式为：

$$T_{RS}=T_{proc\text{-}M}+T_{prep\text{-}F}+T_{que\text{-}F}+T_{tra\text{-}F}+T_{lat\text{-}F}+T_{prop\text{-}F}+T_{proc\text{-}F}\text{。} \tag{3.3}$$

其中，$T_{proc\text{-}M}$ 表示归档处理时间，即数据消息接收方从接收到数据消息到对该数据消息中包含的文件信息归档成功这一过程所需的时间；$T_{prep\text{-}F}$ 表示从归档成功数据消息中所包含的文件到成功构造出反馈消息这一过程所需的时间；$T_{que\text{-}F}$ 表示反馈消息在网络中多个设备同时在网络上发送数据时所需的排队延时；$T_{tra\text{-}F}$ 表示反馈消息传输延时，即以给定传输速率传输某个反馈消息所需的时间；$T_{lat\text{-}F}$ 表示所有路由器或交换机等网络中间数据交换设备将反馈消息从一个接口传送到另一个接口所需的总执行时间；$T_{prop\text{-}F}$ 表示电信号或光信号从数据消息接收方(反馈消息发送方)传播到数据消息发送方(反馈消息接收方)所需的时间，即反馈消息从消息接收方到消息发送方的传播延时；$T_{proc\text{-}F}$ 表示数据消息发送方从接收到反馈消息到成功处理该反馈消息这一过程所需的时间。

显然，从抽象出的带重传的同步消息传输模型可知，该模型能够保证异地归档或传输的数据文件按照发送顺序可靠地传输到数据接收方，具有逻辑流程简单、容易实现的优点。但是，该模型存在数据消息发送方每发送一条数据消息都需要等待 T_{RS} 的时间之后才能继续发送下一条数据信息的缺点，即该消息传输模型存在需要等待对端反馈消息而降低数据消息传输效率的缺点。该缺点会导致如下问题：①当数据消息发送方有海量的数据文件需要进行异地归档或传输时，每传输一次数据信息需要等待 T_{RS} 的时间导致数据积压在数据消息发送方而无法满足异地数据归档或传输的需求；②等待 T_{RS} 的时间导致带宽利用率明显降低而浪费网络资源；③等待 T_{RS} 的时间导致专用数据传输服务器资源利用率下降及维持服务器运行的电力资源的浪费。

3.3.2　带状态检测和重传功能的两路异步消息传输模型

为了克服带重传的同步消息传输模型存在需要等待对端反馈消息而降低数据消息传输效率的缺点，本书提出了带状态检测和重传功能的两路异步消息传输模型——高效消息传输模型。该模型具有如下3个特点：①使用异步消息传输过程中消息发送方不需要等待消息接收方处理消息，甚至不需要等待消息投递完成就可以继续发送下一条消息的优点来克服同步消息传输需要等待的缺点，进而达到高效传输及提高网络带宽利用率的效果；②使用双向异步消息传输来实现同步消息传输中需要接收消息接收方回复的反馈消息，进而最终达到和使用同步消息传输一样具有可靠传输性的功能；③带状态检测可以避免向网络中注入无效的数据。

1. 模型介绍

异步消息传输模型中基于消息接收方最终可以收到消息发送方发送的每一条消息这样的假设,使异步消息传输具有不需要等待消息接收方回复的优点。但是这将导致异步消息传输中的消息交流方向是单向的,这将会导致异步消息传输中的消息发送方无法知晓因为网络环境较差、网络拥塞等情况导致的发送消息丢失。也就是说,在消息发送方和消息接收方之间只使用一路异步消息传输,无法保证消息发送方所有要进行异地归档或传输的文件能够被消息接收方成功归档或接收。因此,为了使用异步消息传输模型能够实现与同步消息传输模型一样双向信息交流的等效功能需要使用两路异步消息传输。使用两路异步消息传输实现的双向信息交流功能与同步消息传输模型中的双向信息交流功能相比,不仅具有更低的耦合度,而且能克服消息发送方和消息接收方之间存在需要互相等待而降低消息传输效率的不足。

带状态检测和重传功能的两路异步消息传输模型中的两路异步消息传输分别为:第一路异步消息传输是指数据消息发送方(AMS)向数据消息接收方(AMR)发送数据消息 M 并记录发送 M 时对应的时间戳(TS);第二路异步消息传输是指由 AMR 成功归档处理 M 之后生成的反馈消息 F 经由 AMR 作为反馈消息发送方(AFS)将 F 发送到由 AMS 作为的反馈消息接收方(AFR)。

带状态检测和重传功能的两路异步消息传输模型中的重传功能是通过数据消息发送方所在服务器上运行的固定时间间隔的记录扫描功能找出超时记录,将超时记录加入发送消息队列,随后进行重新发送。超时记录是指 TS 相对于扫描时刻的时间间隔已经超过超时重传时间(ATOR)的已经发送但是还未收到反馈消息的数据文件记录。带状态检测和重传功能的两路异步消息传输模型中并未在 AMR 所在服务器上加入针对反馈消息的重传功能。重传功能在一定程度上能够保证发送的数据消息能够全部被数据消息接收方接收。

带状态检测和重传功能的两路异步消息传输模型中的状态检测功能,在两路异步消息传输中都存在。第一路异步消息传输中的状态检测功能主要是通过数据消息发送方(AMS)所在服务器近实时获取数据消息接收方(AMR)连接到 AMS 的网络连接状态,进而通过获取到的近实时网络连接状态来触发 AMS 的数据消息发送事件或停止数据消息发送事件。也就是说,只有当 AMR 与 AMS 处于连接状态时,AMS 才准备并发送数据消息(M),否则当 AMR 未连接上 AMS 时,AMS 停止准备数据消息和停止发送数据消息。第二路异步消息传输中的状态检测功能与第一路异步消息传输中的状态检测功能类似，只是将作用对象换成了 F、AFS 和 AFR。当数据消息发送方和接收方处于未连接状态或反馈消息发送方与接收方处于未连接状态时，该模型中的状态检测功能能够避免因数据/反馈消息发送方向网络中注入大量的消息而造成网络带宽的浪费。

2. 性能评估

数据消息和反馈消息分别在不同的异步消息传输链路上进行传输，这将大大降低数据消息发送与反馈消息发送之间的耦合度。数据消息发送与反馈消息发送之间耦合度的降低，将会大大提高数据消息和反馈消息在发送时的并行性。在消息发送方和消息接收方所使用的服务器都是多核服务器时，并行性的提高将会使带状态检测和重传功能的两路异步消息传输模型具有更高的数据传输效率或异地归档能力。

带状态检测和重传功能的两路异步消息传输模型具有并行性，这就使该模型成功传输一个文件所需的时间 $T_{total\text{-}A}$ 不能再按照公式(3.1)来计算。为了更好地评估该模型成功传输/归档一个文件所需的时间 $T_{total\text{-}A}$，使用成功传输/归档 N 个文件所用的平均时间来近似表示 $T_{total\text{-}A}$。

$T_{total\text{-}A}$ 的计算公式为：

$$T_{total\text{-}A} = \frac{T_{start} - T_{end}}{N}。\tag{3.4}$$

其中，T_{start} 表示 AMS 开始定位 N 个数据文件中第一个文件时所记录的时间，T_{end} 表示 AFR 在成功处理完第 N 个文件对应的 F 时所记录的时间。

为了验证该模型比从 NGAS 中抽象出来的带重传的同步消息传输模型具有更高的数据传输效率或数据传输速度，本章接下来首先基于高效消息传输模型实现一套高效数据传输系统，然后通过性能测试来验证该系统比 NGAS 具有更高的数据传输效率或数据传输速度，进而证明提出的高效消息传输模型比从 NGAS 中抽象出来的带重传的同步消息传输模型具有更高的数据传输效率或数据传输速度。

3.4　数据传输系统的设计与实现

为了降低基于高效消息传输模型实现高效数据传输系统的难度，使用 ZeroMQ[73] 和 Python 来实现基于该模型的高效数据传输系统。高效数据传输系统主要包括如下子系统模块:数据发布端服务器(Pub-Server)、数据订阅端服务器(Sub-Server)、订阅者服务器(Subscriber-Server)、订阅者客户端(Subscriber-Client)。Pub-Server 和 Sub-Server 负责数据发布方与订阅方之间的数据消息和反馈消息的跨区域传输与存储,即通信模式,如图 3.5 所示;Subscriber-Server 和 Subscriber-Client 负责数据发布方与订阅方之间的消息订阅与退订,即通信模式,如图 3.6 所示。

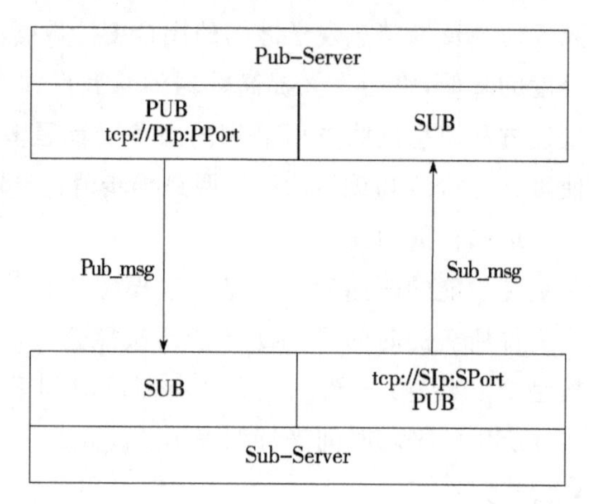

图 3.5　Pub-Server 与 Sub-Server 之间的通信模式

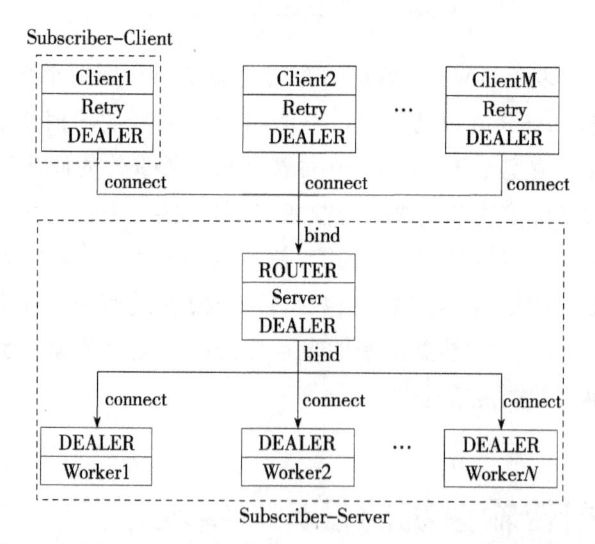

图 3.6　Subscriber-Server 与 Subscriber-Client 之间的通信模式

ZeroMQ 是一个为分布式或并发应用程序设计的具有高性能的轻量级异步消息库,同时它具有开源和跨平台的特点[73]。ZeroMQ 支持 4 种通信模式，即请求响应模式（Req-Rep）、发布订阅模式（Pub-Sub）、推拉模式（Push-Pull）及独占对模式（PAIR）①。高效消息传输模型中的两路异步消息传输在实现的高效数据传输系统中用ZeroMQ中的PUB-SUB套接字组合来实现对数据消息和反馈消息的高效快速传输，即使用发布订阅模式（Pub-Sub）来实现两路异步消息传输功能。

然而，PUB-SUB套接字组合存在如下问题：①订阅方崩溃导致订阅数据丢失；②订阅方取回消息的速度很慢，导致发布方的发布消息队列溢出而造成数据丢失；③网络超载导致数据丢失；④订阅方加入太迟错失了发布方已经发布的数据②。为了解决使用PUB-SUB套接字组合在实现两路异步消息传输中面临的上述问题，在实现的数据传输系统中需要加入近实时状态检测功能和数据重发功能。通过加入的近实时状态检测功能，来规避发布方（数据消息发送方或反馈消息发送方）在没有订阅方（数据消息接收方或反馈消息接收方）连接的情况下发布数据。同时，通过加入的数据重发功能，来解决因为网络超载、订阅方崩溃等导致的数据丢失造成的订阅方无法完全接收到要传输/归档数据文件的问题。

同时为了使实现的数据传输系统能够更加独立于NGAS运行，我们在实现的数据传输系统中加入了数据订阅端与数据发布端之间的订阅与退订功能。订阅与退订功能是通过ZeroMQ中的ROUTER-DEALER套接字组合来实现的，该功能能够使数据发布端随时增减数据消息发送方和反馈消息接收方的效果。

3.4.1　Pub-Server与Sub-Server的设计

Pub-Server主要负责启动数据发布端与数据消息和反馈消息相关的守护线程，其执行流程如图3.7所示。Pub-Server主要包含如下功能模块：启动订阅者对应的发布数据守护线程、启动接收反馈消息的守护线程、启动处理反馈消息的守护线程、启动更新积压文件的守护线程、启动更新发布队列的守护线程、启动处理新增订阅者的守护线程、启动处理新增退订者的守护线程。Sub-Server的功能与Pub-Server类似，只是处理对象不同。

① http://learning-0mq-with-pyzmq.readthedocs.io/en/latest/pyzmq/pyzmq.html。
② http://zguide.zeromq.org/py:all。

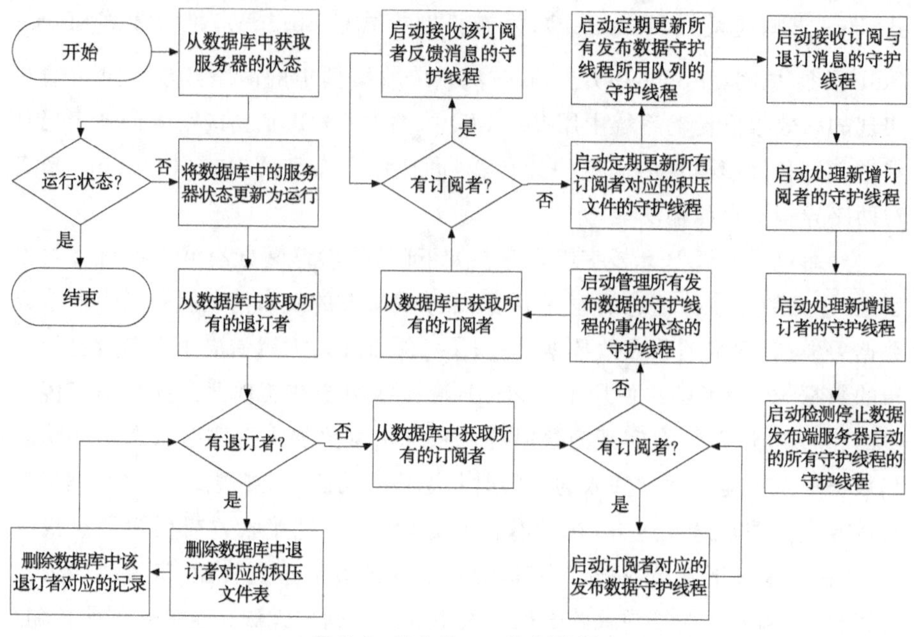

图 3.7　Pub-Server 执行流程

Pub-Server 与 Sub-Server 之间传递的消息包括 Pub_msg(数据消息)和 Sub_msg(反馈消息)两种,如图 3.5 所示。Pub_msg 是数据发布端服务器(Pub-Server)发布的数据消息,格式为 SI_SP:PI_PP:BFR:BFD;Sub_msg 是数据订阅端服务器(Sub-Server)发布的反馈信息,格式为 SI_SP:PI_PP:BFR。SI 表示 Sub-Server 的 IP;SP 表示 Sub-Server 为某个 Pub-Server 申请的用于发布反馈消息的固定端口;PI 表示 Pub-Server 的 IP;PP 表示 Pub-Server 为某个 Sub-Server 申请的用于发布数据的固定端口;BFR 由文件名、文件 ID、文件版本、文件类型四部分构成;BFD 表示 BFR 对应的积压文件数据。

当 Pub-Server 上的近实时端口连接状态守护线程检测到某个 PP 被 Sub-Server 的 SI 连接上时,触发该端口对应的数据发布线程构造和发布 Pub_msg;否则,当检测到某个 PP 未被某个 Sub-Server 的 IP 连接时,触发该 PP 对应的数据发布线程停止构造和发布 Pub_msg。同时,Pub-Server 中的数据重发功能将会对超时记录对应的文件再次构造成 Pub_msg,并进行重新发布。

订阅者积压文件表(subscriber_files_back_log)中的文件状态字段有 3 种状态值:0 表示已经被订阅者成功接收的文件状态;−1 表示已经发送但还未收到反馈消息的文件状态;−2 表示新增的有待发送的文件状态。

3.4.2　Pub-Server 与 Sub-Server 的实现

Sub-Server 中除了归档数据文件函数(archive_pub_msg)之外，其他的函数与 Pub-Server 中的函数功能类似，只是所处理的对象不同。因此，本小节主要介绍 Pub-Server 中涉及的 12 个主要函数(功能)的实现(表 3.2)，并在最后介绍 Sub-Server 中的 archive_pub_msg 函数。这些函数的实现主要以伪代码的形式来呈现。

表 3.2　Pub_Server 的 12 个主要函数简要说明

序号	函数名称	函数说明
1	localhost_connected_ip_success	测试本地端口被指定 IP 连接情况的函数
2	find_n_available_ports	找到 n 个可用端口的函数
3	stop_publish	停止发布函数
4	poll_server_running_status	轮询发布端服务器运行状态的函数
5	update_backlog_and_queue	更新积压表和发布队列的函数
6	fetch_and_pub_data	发布数据的函数
7	poll_pub_event	轮询端口发布事件的函数
8	recv_feedback_info	接收反馈消息的函数
9	process_feedback_info	处理反馈消息的函数
10	poll_and_update_pub_event	轮询和更新发布数据事件的函数
11	process_newly_added_subscriber	数据发布端处理新增加订阅者的函数
12	poll_and_handle_unsubscribe	轮询和处理退订事件的函数

1. localhost_connected_ip_success

localhost_connected_ip_success 主要用于获取并返回本地指定端口被指定 IP 连接的状态，其伪代码如图 3.8 所示。数据发布端使用该函数来获取为某个数据订阅端指定的端口有没有被该数据订阅端对应的 IP 连接上的情况，进而依据连接状态来决定是应该触发该端口对应的发布数据事件还是停止该端口对应的发布数据事件。假设某个数据订阅端对应的 IP 为 192.168.1.8，且为该数据订阅端对应的某个数据消息发送方分配的固定发布数据端口为 5000，那么该函数中的 Pattern 将会被实例化为：Pattern=r'.*5000.*192\.168\.1\.8.*\(ESTABLISHED\)'。

```
#!/usr/bin/env python
# _*_ coding:utf-8 _*_
import commands
def localHost_connected_ip_success(local_port,remote_ip):
    remote_ip_split = remote_ip.split('.')
    通过 local_port、remote_ip_split 和 ESTABLISHED 构造模式 Pattern
    shell_command = 'lsof -i:%d -n -P|grep -i %s' % (local_port, Pattern)
    status, output = commands.getstatusoutput(shell_command)
    if len(output) = = 0:
        return False
    else:
        return True
```

图 3.8　localhost_connected_ip_success 的伪代码

2. find_n_available_ports

find_n_available_ports 的伪代码如图 3.9 所示。该函数用于获取并返回运行该函数所在机器上最多 n 个还未被占用的端口，且返回的端口所处的端口范围为 1024～65533。数据发布端使用该函数，为有能力接受 n 个数据消息发布线程同时发布数据消息的数据订阅者找到 n 个未被占用的端口。

```
#!/usr/bin/env python
# _*_ coding:utf-8 _*_
import commands
def find_n_available_ports(port_number=1, input_port=0):
    port_list = [ ]
    for temp_port in xrange(1024, 65533):
        shell_command = 'lsof -i:%d' % port
        status, output = commands.getstatusoutput(shell_command)
        if len(output) = = 0:
            port_flag = True
        else:
            port_flag = False
        If port_flag and (temp_port > input_port) and len(port_list) < port_number:
            port_list.append(temp_port)
        elif len(port_list) = = port_number:
            return port_list
    return port_list
```

图 3.9　find_n_available_ports 的伪代码

3. stop_publish

stop_publish 的主要功能是将数据发布端服务器中的服务器运行状态表(server_running_status)中的运行状态值更新为 0。其中 server_running_status 中的运行状态只有 0 和 1 这两个状态值，它们分别表示停止运行和正在运行。该函数只是改变服务器的运行状态值，并不能真正停止所有与数据消息发布任务相关的线程。但是，该函数设置的停止运行状态值能使 poll_server_running_status 触发停止运行服务器事件，进而达到停止所有正在运行的与数据消息发布任务相关的线程。

4. poll_server_running_status

poll_server_running_status 的伪代码如图 3.10 所示。该函数通过按固定时间间隔来获取服务器运行状态表中的运行状态值，同时依据获取到的运行状态值来决定是否触发相应的事件。当获取到的运行状态值为停止运行状态值 0 时，触发停止运行服务器事件，进而完成停止服务器(Pub-Server 和 Subscriber-Server)启动的所有任务；当获取到的运行状态值为正在运行状态值 1 时，随机休眠一段时间，然后进入下一次服务器运行状态轮询。

```
poll_flag=True/*将轮询标志设置为 True*/
while poll_flag:
    连接 MySQL 数据库
    获取服务器的运行状态 running_status
    关闭数据库连接
    if running_status = = 1: /*服务器处于运行状态*/
        random_wait_event.wait(random.randint(1,10))/*随机等待 1~10 秒再进入下次服务
器运行状态检测*/
    if running_status = = 0: /*服务已经收到停止服务的命令*/
        random_wait_event.set( )/*触发随机等待事件*/
        stop_pub_event.set( )/*触发停止订阅服务事件，将 stop_pub_event 设置为 True*/
        poll_flag = False/*设置停止轮询*/
```

图 3.10　poll_server_running_status 的伪代码

5. update_backlog_and_queue

update_backlog_and_queue 的伪代码如图 3.11 所示。该函数的主要功能是按照固定时间间隔从归档文件表中获取新增的需要发布的归档文件信息，然后将这些新增的需要发布的归档文件信息加入数据消息发布队列，接着

从积压文件表中检索出已经超时的文件信息，将其加入对应的数据消息发布队列，最后将新增的需要发布的归档文件信息加入积压文件表。将更新积压

```
/*当发布端的服务未停止且该发布者对应的订阅者未退订时执行更新积压表和发布队列*/
while (not stop_pub_event.is_set( ) )and (not unsub_event.is_set( ))：
    连接 MySQL 数据库
    检索订阅者表 sync_subscribers 中该订阅者对应的上次更新积压表的时间 last_datetime
和返回行数 row_num
    temp_last_datetime = time.time( )/*作为新的上次更新积压表的时间*/
    关闭数据库连接
    if row_num == 0：/*服务器已经收到该订阅者退订的消息*/
        unsub_event.set( )/*触发退订事件，将 unsub_event 设置为 True*/
        recv_feedback_event.clear( )/*将接收反馈消息事件设置为 False*/
    elif row_num = =1：
        连接 MySQL 数据库
        检索归档数据文件表 archive_files 中在 last_datetime 之后新增加的归档文件
newly_added_files
        关闭数据库连接
        if pub_event.is_set( )：
            repub_backlog_file_datetime = time.time( ) – random.randint(600,900)/*计算超
时重传的积压文件的日期时间*/
            连接 MySQL 数据库
            从该订阅者对应的积压表 backlog_subIp_subPort 中检索出文件状态
file_status 为 1 的文件记录 repub_files
            将 repub_files 中所有的状态改变时间戳 status_changed_timestamp 更新为
time.time( )
            关闭数据库连接
            将 repub_files 中的所有文件加入该发布者对应的发布队列 pub_queue 中
            构造 newly_added_files 中所有记录对应表 backlog_subIp_subPort 的插入
SQL 语句 insert_sqls
            连接 MySQL 数据库
            执行 insert_sqls
            关闭数据库连接
            将 newly_added_files 中所有的文件加入该发布者对应的 pub_queue 中
            连接 MySQL 数据库
            更新 sync_subscribers 中该订阅者对应的上次更新时间为 temp_last_datetime
            关闭数据库连接
    random_wait_event.wait(random.randint(10,60))/*随机等待 10~60 秒再进入下次更新过
程*/
```

图 3.11　update_backlog_and_queue 的伪代码

文件表与数据信息发布队列这两个功能放在同一个函数中实现的目的是避免功能分开的情况下更新数据消息发布队列时需要从积压文件表中检索出刚刚更新进积压文件表中的记录而导致性能恶化。

6. fetch_and_pub_data

fetch_and_pub_data 的伪代码如图 3.12 所示。该函数的主要功能是通过如下步骤：首先，创建发布数据所需类型的套接字，并将套接字绑定在相应的 IP 和发布端口上；其次，在满足发布数据条件的情况下从相应的发布队列中取出要发布文件的文件名，通过文件名读取数据文件中的数据，构造相应的发布消息；最后，将构造的发布消息进行发送，接着处理发布队列中的下一个文件。

```
使用 zmq.PUB 创建发布套接字 pub_data_sock
将 pub_data_sock 绑定到相应的发布 IP 和发布端口上
conn_flag = localHost_connected_ip_success(publish_port,subscriber_ip)/*获取订阅者连接发
布端口的状态*/
if conn_flag == True:
    pub_event.set( )/*触发该套接字的发布事件*/
/*未停止发布服务和订阅者未退订时执行如下操作*/
while (not stop_pub_event.is_set( )) and (not unsub_event.is_set( )):
    if pub_evnet.is_set( ): /*订阅者已经连接上该发布端口*/
        try:
            backlog_file = pub_queue.get(timeout=3)/*如果队列不为空，取出一个元素，
为空最多等待 3 秒*/
        except Exception as _:
            continue
        if os.path.isfile(backlog_file): /*如果 backlog_file 存在，发送文件*/
            send_data = read(backlog_file)/*打开文件并读取文件中的数据*/
            close(backlog_file)/*关闭文件*/
            使用 send_data 和 backlog_file 构造发布消息 Send_Msg
            使用 pub_data_sock 发布 Send_Msg
        else: /*backlog_file 对应的文件不存在，更新数据库中的归档文件表*/
            连接 MySQL 数据库
            删除 backlog_file 在归档文件表中对应的记录
            关闭数据库连接
    else: /*订阅者还未连接上该发布端口*/
        time.sleep(1)/*休眠 1 秒，等待订阅者连接该发布端口*/
```

图 3.12　fetch_and_pub_data 的伪代码

7. poll_pub_event

poll_pub_event 的伪代码如图 3.13 所示。该函数的主要功能是通过函数 localhost_connected_ip_success 获得的连接状态来动态更新发布事件对应的状态值，进而达到触发相关数据消息发布事件的目的。

```
/*未停止发布服务和订阅者未退订时执行如下操作*/
while (not stop_pub_event.is_set( )) and (not unsub_event.is_set( )):
    conn_flag=localhost_connected_ip_success(pub_port,sub_ip)/*获取订阅者连接发布端口的状态*/
    if conn_flag == True:/*订阅者已经连接上发布者的该发布端口*/
        if pub_event.is_set( ): /*发布事件设置为 True*/
            random_wait_event.wait(random.randint(10,60))/*随机等待 10~60 秒再进入下一次状态检测*/
        else:
            pub_event.set( )/*将发布事件设置为 True*/
            random_wait_event.wait(random.randint(10,60))/*随机等待 10~60 秒*/
    else:
        if not pub_event.is_set( ):/*订阅者还未连接上发布者该发布端口*/
            random_wait_event.wait(random.randint(1,3))/*随机等待 1~3 秒*/
        else:/*订阅者已经断开与发布者该发布端口的连接*/
            pub_event.clear( )/*将发布事件设置为 False*/
            random_wait_event.wait(random.randint(1,3))/*随机等待 1~3 秒*/
```

图 3.13 poll_pub_event 的伪代码

8. recv_feedback_info

recv_feedback_info 的伪代码如图 3.14 所示。该函数的主要功能是通过接收反馈消息所需的套接字来获取反馈消息发送方发布的反馈消息，并将获取到的反馈消息加入反馈消息队列中。

```
使用 zmq.SUB 创建订阅反馈消息套接字 sub_sock
sub_sock 连接指定订阅者的发布反馈消息端口
poll = zmq.Poller( )
poll.register(sub_sock, zmq.POLLIN)/*将 sub_sock 注册到套接字轮询事件中*/
/*未停止发布服务且接收反馈消息事件为 True，执行如下操作*/
while (not stop_pub_event.is_set( )) and recv_event.is_set( ):
    socks = dict(poll.poll(1000))/*超时时间设置为 1000 毫秒*/
    if socks.get(sub_sock) == zmq.POLLIN:
```

```
        recv_feedback_info = sub_sock.recv_pyobj( )/*读取接收到的反馈消息*/
        feedback_info_queue.put(recv_feedback_info)/*将接收的反馈消息加入队列中*/
    else:
        continue/*超过 1 秒仍未收到反馈消息，进入下一个超时周期*/
```

图 3.14 recv_feedback_info 的伪代码

9. process_feedback_info

process_feedback_info 的伪代码如图 3.15 所示。该函数的功能是从反馈消息队列中取出一个反馈消息，从反馈消息中提取出相应的积压文件信息，将该文件在数据库中的文件状态更新为已经被订阅者成功接收的文件状态 0。

```
/*未停止发布服务且接收反馈消息事件为 True，执行如下操作*/
while (not stop_pub_event.is_set( )) and recv_event.is_set( ):
    try:
        feedback_info = feedback_info_queue.get(timeout=1)/*如果队列有元素，则取一个，否则等待超时进入下一次取元素过程*/
    except Exception as _:
        continue
    用 feedback_info 构造更新 SQL 语句 update_sql
    连接 MySQL 数据库
    执行 update_sql 语句/*将 feedback_info 对应的积压文件的状态更新为 0*/
    关闭数据库连接
```

图 3.15 process_feedback_info 的伪代码

10. poll_and_update_pub_event

poll_and_update_pub_event 的伪代码如图 3.16 所示。该函数的主要功能是轮询和更新某个指定端口对应的发布、退订等相关事件。该函数包括如下两个主要步骤。

(1)轮询数据发布端服务器上某个指定端口对应的订阅者是否依然在订阅着符合某种条件的数据文件。

(2)依据订阅情况做出如下处理：①当订阅者依然订阅着相应条件的数据文件时，通过 localHost_connected_ip_success 函数获取连接状态来触发相应的发布事件或触发停止发布事件；②当订阅者不再订阅时，触发退订事件和停止接收反馈消息事件，并退出该函数。

```
sub_status=1/*将订阅状态初始化为正在订阅状态 1*/
while (not stop_pub_event.is_set( )) and (not unsub_event.is_set( )):
    连接 MySQL 数据库
    从订阅者表 sync_subscribers 中检索 subscriber_ip、subscriber_port、pub_port 和
sub_status 对应的记录行数 row_num
    关闭数据库连接
    if row_num = = 0: /*发布者已经收到退订的消息*/
        unsub_event.set( )/*触发退订事件，将 unsub_event 设置为 True*/
        recv_event.clear( )/*触发停止接收反馈消息事件*/
        连接 MySQL 数据库
        将 sync_subscribers 中 subscriber_ip、subscriber_port、pub_port 对应的 sub_status
更新为已经退订的状态-1
        关闭数据库连接
        continue/*准备退出该过程*/
    elif row_num = = 1:
        conn_flag = localHost_connected_ip_success(pub_port, subscriber_ip)/*获取订阅者
连接该发布端口的状态*/
        if conn_flag = = True: /*已经连接*/
            if (not pub_event.is_set( )): /*发布事件未触发*/
                pub_event.set( )/*触发发布事件*/
        else: /*订阅者还未连接上该发布端口*/
            if pub_event.is_set( ): /*订阅者已断开与该发布端口的连接*/
                pub_event.clear( )/*将 pub_event 设置为 False*/
    random_wait_event.wait(random.randint(1,3))/*随机等待 10~60 秒，等待建立连接*/
```

图 3.16　poll_and_update_pub_event 的伪代码

11. process_newly_added_subscriber

process_newly_added_subscriber 的伪代码如图 3.17 所示。该函数的主要功能是处理订阅者表中新增的订阅者。该函数的功能通过如下过程来实现：①从订阅者表中检索出订阅状态为 2 的新增订阅者；②为该订阅者在数据库中增加对应的积压文件表；③从归档文件表中检索出满足该订阅者的归档文件，并将它们加入该订阅者对应的发布队列和积压表；④为该订阅者创建相应的数据发布线程、处理反馈消息线程、接收反馈消息线程和相应的轮询事件线程；⑤按照一定的顺序启动所创建的线程。

```
while not stop_pub_event.is_set( ):
    连接 MySQL 数据库
    检索 sync_subscribers 中订阅状态 sub_status 为新增订阅状态 2 的订阅者
new_subscribers 和返回行数 row_num
    关闭与数据库的连接
    if row_num > 0: /*有新增的订阅者*/
        for (i=0,i<length,i+ +)/*length 表示 new_subscribers 中的元素个数*/
            为订阅者 new_subscribers[i]创建积压文件表
            从归档文件表中检索满足该订阅者的归档文件 arc_files
            构造将 arc_files 插入积压文件表的 SQL 语句 insert_sqls
            连接 MySQL 数据库
            执行 insert_sqls
            更新 sync_subscribers 中这个订阅者的 last_file_sync_date 为 time.time( )
            关闭与数据库的连接
            创建发布文件队列 pub_queue
            创建退订事件 unsub_event
            创建发布事件 pub_event
            创建接收反馈消息事件 recv_event 并触发该事件
            将 arc_files 增到 pub_queue 中
            创建更新积压表和发布队列的线程并启动
            获取该订阅者对应的发布端口 pub_ports
            创建轮询处理退订线程并启动
            创建接收反馈消息的线程并启动
            for (j=0, j<do_num, j++)/*do_num 指处理反馈消息的线程数*/
                创建一个处理反馈消息的线程并启动
            for (j=0, j<CN, j++)/*CN 指发布端口数或并发数*/
                创建 pub_ports[j]对应的发布线程并启动
                创建 pub_ports[j]对应的轮询发布事件的线程并启动
    else: /*没有新增的订阅者*/
        random_wait_event.wait(random.randint(10,60))/*随机等待 10~60 秒*/
```

图 3.17　process_newly_added_subscriber 的伪代码

12. poll_and_handle_unsubscribe

poll_and_handle_unsubscribe 的伪代码如图 3.18 所示。该函数的功能是通过如下两个关键步骤实现。步骤一，按照固定时间间隔从订阅者表中取出该订阅者对应的订阅状态值。步骤二，依据获得的订阅状态值做出如下处理：①当取出的订阅状态值为 0 时，为该订阅者触发退订事件和停止接收反馈消息事件，然后将该订阅者在订阅者表中的订阅状态值更新为已经退订状态值－1，最后退出该函数；②当取出的订阅状态值不为 0 时，随机休眠一段时间，然后进入下一次轮询处理过程。其中，订阅状态值为 0 表示已经收到该订阅者发送的退订消息。

```
sub_status = 0/*初始化订阅状态为接收到退订消息的状态 0*/
while (not stop_pub_event.is_set( )) and (not unsub_event.is_set( ))：
    检索 subscriber_ip、subscriber_port 和 sub_status 对应的订阅者，返回的行数为
row_num
    if row_num = = 0：/*订阅者未退订*/
        random_wait_event.wait(random.randint(10,60))/*随机等待 10~60 秒*/
    elif row_num = = 1：/*发布者收到订阅者的退订消息*/
        unsub_event.set( )/*触发退订事件*/
        recv_event.clear( )/*触发停止接收反馈消息事件*/
        将该订阅者在 sync_subscribers 中的 sub_status 更新为已经退订的状态-1
        continue/*准备退出该轮询处理过程*/
```

图 3.18　poll_and_handle_unsubscribe 的伪代码

13. archive_pub_msg

archive_pub_msg 的伪代码如图 3.19 所示。该函数是数据订阅端服务器中的核心函数之一，其主要功能是首先处理接收到的数据消息，其次产生对应的反馈消息，最后将产生的反馈消息加入反馈消息队列。

```
while (not stop_subscribe_event.is_set( )):/*数据订阅服务未停止*/
    if (not unsubscribe_event.is_set( )):/*订阅者处于正在订阅状态*/
        /*从接收数据队列中取出一个接收的数据元素，并设定等待时间*/
        try:
            receive_data_item = received_data_queue.get(timeout=2)
        except Exception as _:
            continue
        从数据元素（receive_data_item）中拆分出文件头相关的信息和文件中的数据
        连接 MySQL 数据库
        执行通过 MySQL 的 REPLACE 构造的 SQL 语句，并返回受影响的行 row_num
        if row_num= =1:
            将拆分出的文件数据存储到指定的目录中
            conn_obj.commit( )/*MySQL 的连接对象执行提交命令*/
            关闭与 MySQL 数据库的连接
        elif row_num > 1:/*表示该数据文件已经接收过了*/
            conn_obj.rollback( )/*MySQL 的连接对象执行回滚命令*/
            关闭与 MySQL 数据库的连接
            将拆分出来的数据文件丢弃
        构造该接收文件对应的成功接收的反馈消息 feedback_info
```

```
        feedback_info_queue.put(feedback_info)/*将产生的反馈消息加入反馈消息队列*/
    else:/*订阅者服务器已经被设置成停止状态*/
        break/*退出处理接收数据并产生反馈消息函数*/
```

图 3.19　archive_pub_msg 的伪代码

3.4.3　Subscriber-Server 与 Subscriber-Client 的设计与实现

Subscriber-Server 与 Subscriber-Client 之间的通信模式如图 3.6 所示。Subscriber-Client 向 Subscriber-Server 发送的合法消息类型有两种，它们分别是订阅消息（Sub-Msg）和退订消息（Unsub-Msg）。Subscriber-Server 向 Subscriber-Client 发送的合法反馈消息有 3 种，它们分别是订阅成功消息（Sub-Msg-S）、订阅失败消息（Sub-Msg-F）及退订成功消息（Unsub-Msg-S）。Sub-Msg、Unsub-Msg、Sub-Msg-S、Sub-Msg-F、Unsub-Msg-S 这 5 种消息的格式分别为 S_SI_SP_Datetime_CN、U_SI_SP、SS_SI_SP_PI_PP、SF_SI_SP、US_SI_SP。CN 表示订阅者申请的并发数。同时，在 Subscriber-Client 中基于 zmq. Poller 实现超时重发功能，该功能能够确保 Subscriber-Client 成功订阅/退订某个数据发布者。

Subscriber-Server 中 Worker 处理 Sub-Msg 的流程为：Worker 从收到的 Sub-Msg 中拆分出并发数 *CN*，然后利用 find_n_available_ports 为该订阅者分配 *CN* 个数据发布端口，将该订阅者对应的信息插入订阅者表，然后产生 Sub-Msg-S，并向订阅者发送该消息。同时，Subscriber-Server 中 Worker 处理 Unsub-Msg 的流程为：Worker 从收到的 Unsub-Msg 中拆分出对应的订阅者信息，将该订阅者在订阅者表中对应的订阅状态更新为退订，然后产生 Unsub-Msg-S，并向订阅者发送该消息。

Subscriber-Client 中发送订阅消息的函数为 subscribe_publisher。该函数的流程为：首先，获得订阅者所在服务器中被占用的最大端口；其次，根据被占用的最大端口和 find_n_available_ports 为数据发布端分配一个发布反馈消息的端口；再次，构造 Sub-Msg 并将其发送给 Subscriber-Server；最后，根据接收到的 Sub-Msg-S 来更新发布者表。

Subscriber-Client 中发送退订消息的函数为 unsubscribe_publisher。该函数的流程为：首先，将发布者表中相应发布者的发布状态更新为已经退订；

其次，构造 Unsub-Msg 并将该消息发送给 Subscriber-Server，直到收到 Unsub-Msg-S 才退出该函数。

3.5 性能测试

为了后文叙述方便，将基于高效消息传输模型实现的高效数据传输系统简记为 ASM-None。同时，后文叙述的实验结果图中的 sync_method based on ZeroMQ 表示 ASM-None；sync_method of NGAS 表示 NGAS 实现的数据异地传输/远程传输系统。

将数据发布端与数据订阅端部署在同一台服务器上的实验环境称为单机环境，该环境主要用于测试 ASM-None 具有可行性和高性能；将数据发布端和数据订阅端分别部署在不同服务器上的实验环境称为模拟环境，该环境主要用于测试不同数据文件大小、并发线程数及 ZeroMQ 中的 IO 线程数对 ASM-None 的性能影响。

3.5.1 单机环境下的性能测试

1. 实验环境

性能测试所用的硬件环境为 1 台型号为 IW4200-10G 的思腾合力 GPU 服务器，该服务器具有 16 个双核 Intel® Xeon(R) CPU E5-2620 V4 @ 2.10 GHz 处理器、256 GB R-ECC DDR4 内存、2 个 Intel® 82599ES 10-Gigabit 万兆网卡、1 个 512 GB 的型号为 Micron_1100_MTFDDAK512TBN 的固态硬盘、1 个 2000 GB 的 7200 转的型号为 ST2000NM0008 2F3100 的机械硬盘。性能测试所用的软件环境为 64 位的 Ubuntu 14.04 LTS、Python 2.7.6、MySQLdb 1.2.5、Libzmq 4.2.5、Pyzmq 17.1.2、MySQL 5.5.61。

性能测试所用的实验数据为 40 万个 MUSER-I 的 FITS 文件，实验数据的数据量约为 75.102 GB(400 000×201 600B)。这些实验数据及性能测试过程中数据订阅端产生的需要存储/归档的数据都存放在将内存空间调整为 250 GB 的/tmp 目录中。本小节性能测试时，ASM-None 中使用的 ZeroMQ 套接字都用套接字默认的高水位(High Water Mark，HWM)。HWM 用于设置 ZeroMQ 使用的内存缓冲区，套接字的 HWM 默认值为 0（0 表示不受限制）。

2. 实验

在服务器上，同时部署 NGAS 的数据发布端和数据订阅端。数据发布端和数据订阅端对应的根目录分别为/tmp/Publisher 和/tmp/Subscriber，同时为数据发布端和数据订阅端所需的固定端口分别指定为 7777 和 7778。将 NGAS 和 ASM-None 中用于指定数据发布端与数据订阅端之间数据传输并发度的并发线程数都指定为 4。

ASM-None 和 NGAS 的传输性能对比如图 3.20 所示。同时，记录的 ASM-None 和 NGAS 传输这 40 万个 FITS 文件所耗费的时间分别为约 333.834 秒（约 5.6 分钟）和约 13 330.998 秒（约 222.2 分钟）。通过计算可知，NGAS 传输同样的数据所需的时间约是 ASM-None 的 39.933 倍，即 ASM-None 的平均数据注入速度（平均数据传输速度）是 NGAS 的 39.933 倍。通过公式（3.5）计算得到的 ASM-None 和 NGAS 的平均数据注入速度分别为 230.367MB/s、5.769MB/s。图 3.20 中的实时平均数据注入速度是通过计算实时接收速度的功能函数得到的（图 3.21）。

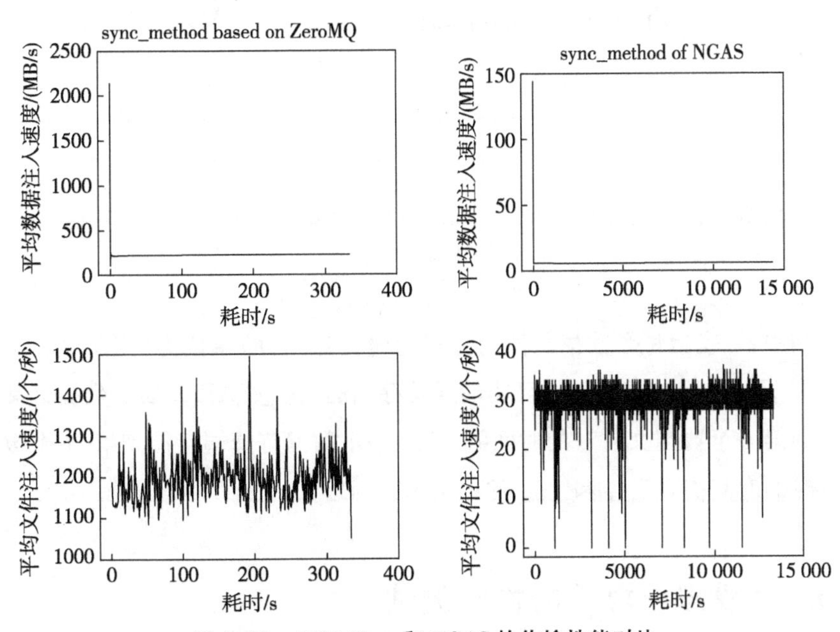

图 3.20　ASM-None 和 NGAS 的传输性能对比

```
1 从数据库中检索出所有文件存储成功时的时间并存入 UL
2 对 UList 中的时间按照时间升序的方式排序，将结果保存到 OL 中
3 初始化存储实时接收速度的列表 RR 为空
4 初始化存储时间间隔的列表 IL
5 For(i=0;i<n;i+ +)/*n 为 OL 中的总元素个数*/
    5.1 IV = round(float(OL[i]) – float(OL[0]),4)/*round 决定保留几位小数*/
    5.2 IL.append(IV)
    5.3 if IV = = 0.0:
        5.3.1 if i = = 0:
            5.3.1.1 RR.append(0.0)
        5.3.2 else:
            5.3.2.1 RR.append(RR[i – 1])
    5.4 else:
        5.4.1 Interval = IL[i] – IL[i–1]
        5.4.2 If Interval = = 0.0:
            5.4.2.1 RR.append(RR[i – 1])
        5.4.3 else:
            5.4.3.1 Real_rate = Filesize / Interval
            5.4.3.2 if Real_rate < 1250:
                5.4.3.2.1RR.append(Real_rate)
            5.4.3.3 else:
                5.4.3.3.1 RR.append(RR[i – 1])
6 RR[0]=RR[1]
7 返回 RR
```

图 3.21　计算实时接收速度的伪代码

平均数据注入速度(Average Ingestion Rate,AIR)的计算公式为：

$$S_{AIR} = \frac{V \times N}{T_{start} - T_{end}}。 \tag{3.5}$$

其中,V 表示每个数据文件的数据容量大小,V 的单位为 MB;N 表示在 T_{start} 和 T_{end} 这段时间内数据订阅端成功存储的文件数；T_{start} 表示数据订阅端接收到第一个数据文件时的时间戳；T_{end} 表示数据订阅端存储完第 N 个数据文件时的时间戳，T_{start} 和 T_{end} 的单位为秒(s)。

3.5.2　模拟环境下的性能测试

为了测试文件大小、并发线程数及 ZeroMQ 中的 IO 线程数对 ASM-

None的性能影响，本小节所设计和开展的实验将围绕这一主题来进行。将ASM-None和NGAS的数据发布端、数据订阅端分别部署在ServerA(1台型号为IW4200-10G的思腾合力GPU服务器)和ServerB(1台型号为IW4200-8G的思腾合力GPU服务器)上，且这两台服务器通过万兆网络专线进行通信。在ServerA与ServerB都使用系统85.3 KB的默认TCP窗口大小时，使用iPerf[①] 2.0.5测试的这两台服务器之间万兆网络专线的实际网络带宽为1171.5 MB/s。在整个性能测试期间，保持ServerA与ServerB都使用系统85.3 KB的默认TCP窗口大小，且HWM使用默认值0。

1. 实验环境

ServerA的主要硬件配置为16个双核Intel® Xeon(R) CPU E5-2620 V4 @ 2.10 GHz处理器、256 GB R-ECC DDR4内存、2个Intel® 82599ES 10-Gigabit万兆网卡。ServerB的主要硬件配置为16个双核Intel® Xeon(R) CPU E5-2620 V4 @ 2.10 GHz处理器、128 GB R-ECC DDR4内存、2个Intel® 82599ES 10-Gigabit万兆网卡。两台服务器的主要软件环境为64位的Ubuntu 14.04 LTS、Python 2.7.6、MySQLdb 1.2.5、Libzmq 4.2.5、Pyzmq 17.1.2、MySQL 5.5.61。

性能测试所用的实验数据为3种大小分别为143 MB、430 MB、860 MB的MUSER-I FITS文件，且测试中每种大小的文件都是7000个。实验数据及实验过程中产生的数据都存放在分配了内存空间的/tmp目录中。显然，ServerA和ServerB的内存空间都无法直接存放这7000个数据文件。因此，为了顺利进行性能测试，ServerA和ServerB上只存放每种大小的数据文件各50个，性能测试过程中对文件采用重复读和覆盖写的方式来解决内存空间不足的问题。由于实时的网络带宽测试工具(如iPerf)的运行会带来额外的性能开销和争用可用的网络带宽，因此，测试过程中未使用实时的网络带宽测试工具来记录测试系统的实时传输速度。同时为了缩减本书的篇幅，在本小节的测试结果中未给出如图3.21所示的伪代码计算出来的实时数据注入速度(实时传输速度)。ASM-None性能测试结果中的平均接收速度是通过公式(3.5)计算得到的平均数据注入速度(平均接收速度)，即通过平均接收速度来近似表示ASM-None的平均传输速度。

---

① https://iperf.fr。

2. 文件为 143 MB 的实验

7000 个 143 MB 的 MUSER-I FITS 文件的数据量约为 977.54 GB。在不同并发数(线程数)与 IO 线程数(IO 数)的组合下,ASM-None 成功传输这 7000 个文件得到的性能测试结果如表 3.3 所示。从表 3.3 可知,当并发数相同时,改变 IO 线程数基本上不会对数据接收端的平均接收速度产生影响。例如,当并发数为 2 时,不同 IO 线程数对应的平均接收速度(平均传输速度)在 760 MB/s 上下波动。

表 3.3 7000 个文件为 143 MB 的测试结果

并发数与 IO 线程数组合	消耗的时间/s	平均接收速度/(MB/s)	平均每秒接收文件数/个
(1,1)	2522.18434	396.87821	2.77537
(1,2)	2596.02729	385.58917	2.69643
(1,3)	2564.46725	390.33448	2.72961
(2,1)	1310.25482	763.97353	5.34247
(2,2)	1321.31473	757.57878	5.29775
(2,3)	1335.27416	749.65878	5.24237
(3,1)	942.97782	1061.53080	7.42329
(3,2)	945.11498	1059.13039	7.40651
(3,3)	952.89195	1050.48636	7.34606
(3,4)	949.39019	1054.36101	7.37315
(4,1)	855.32404	1170.31669	8.18403
(5,1)	879.36863	1138.31670	7.96026

当 IO 线程数为 1 时,不同并发数与平均接收速度的关系如图 3.22 所示。从图 3.22 可知,当并发数从 1 增加到 4 时,数据订阅端的平均接收速度逐渐增加;然而并发数为 5 时的平均接收速度比并发数为 4 时的平均接收速度低,即当并发数从 4 增加到 5 时,数据订阅端的平均接收速度开始降低。由表 3.2 可知,当并发数为 4 时,ASM-None 数据订阅端的平均接收速度达到 1170.3 MB/s,该速度基本上接近万兆网络专线的实测带宽(1171.5 MB/s),但是与万兆网络专线的理论上限(1250 MB/s)还有一定的差距。

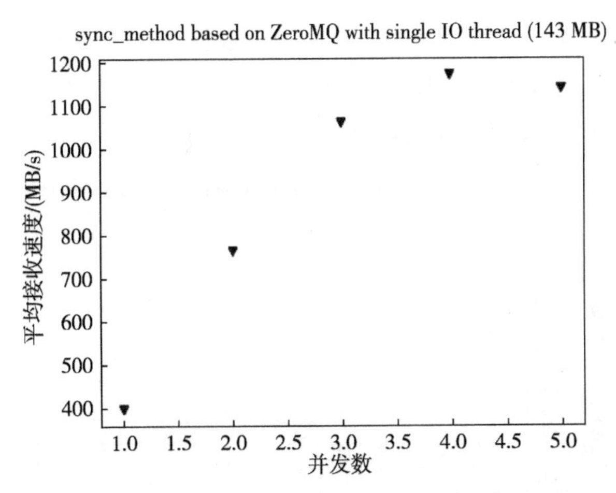

图 3.22　单一 IO 线程下文件为 143 MB 时 1～5 个并发数对应的平均接收速度

3. 文件为 430 MB 的实验

7000 个 430 MB 的 MUSER-I FITS 文件的数据量约为 2939.453 GB。在不同并发数(线程数)与 IO 线程数(IO 数)的组合下,ASM-None 成功传输这 7000 个文件得到的性能测试结果如表 3.4 所示。从表 3.4 可知,当并发数为 2 时,不同 IO 线程数对应的平均接收速度(平均传输速度)在 740 MB/s 上下波动。

表 3.4　7000 个文件为 430 MB 的测试结果

并发数与 IO 线程数组合	消耗的时间/s	平均接收速度/(MB/s)	平均每秒接收文件数/个
(1,1)	7622.67570	394.87447	0.91831
(2,1)	3894.37168	772.91030	1.79747
(2,2)	4213.52456	714.36631	1.66132
(2,3)	4052.30357	742.78739	1.72741
(3,1)	2871.51641	1048.22664	2.43774
(4,1)	2586.18465	1163.87668	2.70669
(5,1)	2578.07795	1167.53646	2.71520

当 IO 线程数为 1 时,不同并发数与平均接收速度的关系如图 3.23 所示。从图 3.23 可知,当并发数从 1 增加到 4 时,数据订阅端的平均接收速度逐渐增加;然而当并发数从 4 增加到 5 时,数据订阅端的平均接收速度基本上没有

改变。由表 3.4 可知，当并发数为 4 和 5 时，数据订阅端的平均接收速度基本上接近万兆网络专线的实测带宽(1171.5 MB/s)，但是与万兆网络专线的理论上限(1250 MB/s)还有一定的差距。

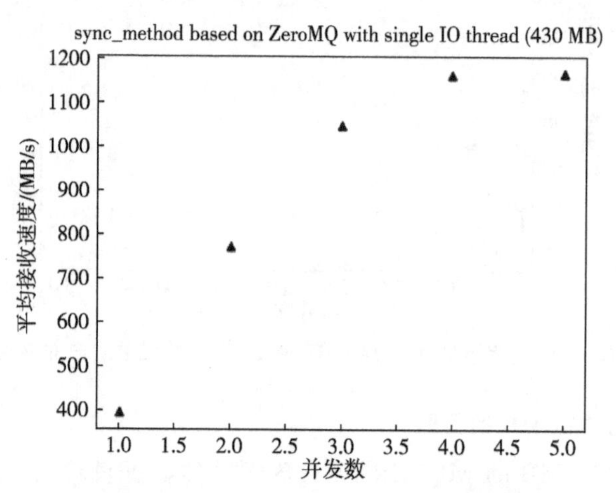

图 3.23　单一 IO 线程下文件为 430 MB 时 1～5 个并发数对应的平均接收速度

4. 文件为 860 MB 的实验

7000 个 860 MB 的 MUSER-I FITS 文件的数据量约为 5878.906 GB。在不同并发数(线程数)与 IO 线程数(IO 数)的组合下，ASM-None 成功传输这 7000 个文件得到的性能测试结果如表 3.5 所示。从表 3.5 可知，当并发数相同时，改变 IO 线程数基本上不会对数据接收端的平均接收速度产生影响。例如，当并发数为 2 时，不同 IO 线程数对应的平均接收速度(平均传输速度)在 750 MB/s 上下波动。

表 3.5　7000 个文件为 860 MB 的测试结果

并发数与 IO 线程数组合	消耗的时间/s	平均接收速度/(MB/s)	平均每秒接收文件数/个
(1,1)	14739.67024	408.42162	0.47491
(2,1)	7816.96299	770.12006	0.89549
(2,2)	8179.39253	735.99598	0.85581
(2,3)	8052.86316	747.56020	0.86926
(2,4)	8078.56152	745.18217	0.86649
(2,5)	8079.26606	745.11718	0.86642

续表

并发数与IO线程数组合	消耗的时间/s	平均接收速度/(MB/s)	平均每秒接收文件数/个
(2,6)	8011.14033	751.45357	0.87378
(3,1)	5882.93956	1023.29795	1.18988
(3,2)	5940.38605	1013.40215	1.17838
(3,3)	5983.47134	1006.10493	1.16989
(3,4)	6004.85725	1002.52175	1.16572
(3,5)	6028.17000	998.64470	1.16122
(3,6)	6004.00763	1002.66362	1.16589
(4,1)	5135.46922	1172.23953	1.36307
(4,2)	5137.22387	1171.83914	1.36260
(4,3)	5139.55885	1171.30676	1.36199
(4,4)	5141.21995	1170.92831	1.36155
(4,5)	5125.22419	1174.58277	1.36579
(4,6)	5142.23127	1170.69802	1.36128
(5,1)	5151.04312	1168.69532	1.35895
(5,2)	5133.80602	1172.61930	1.36351
(5,3)	5131.08470	1173.24121	1.36423
(5,4)	5138.42776	1171.56459	1.36228
(5,5)	5135.69105	1172.18889	1.36301
(5,6)	5144.66537	1170.14413	1.36063

当IO线程数为1时，不同并发数与平均接收速度的关系如图3.24所示。从图3.24可知，当并发数从1增加到4时，数据订阅端的平均接收速度逐渐增加，在并发数达到4时，数据订阅端的平均接收速度达到甚至略高于万兆网络专线的实测带宽(1171.5 MB/s)；当并发数从4增加到5时，数据订阅端的平均接收速度基本上没有改变。尽管并发数为4和5时，数据订阅端的平均接收速度达到甚至略高于万兆网络专线的实测带宽，但是与万兆网络专线的理论上限还有一定的差距。

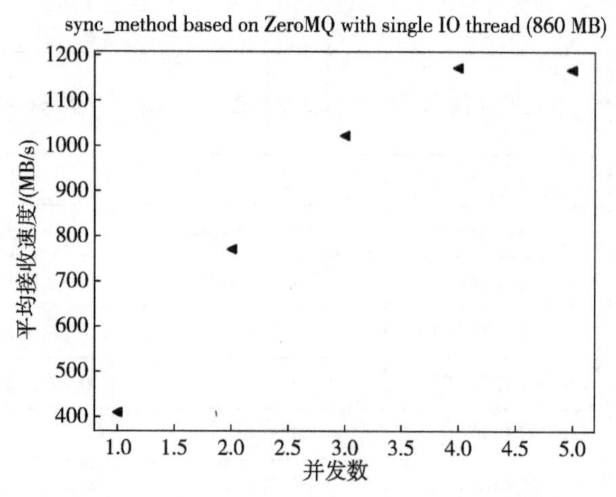

图 3.24 单一 IO 线程下文件为 860 MB 时 1～5 个并发数对应的平均接收速度

3.6 分析与讨论

单机环境下的性能测试结果表明，在使用相同数量的文件(400 000×201 600 B)和并发数为 4 时，ASM-None 获得的平均数据注入速度能够达到 NGAS 的 39.933 倍。进而，证明提出的带状态检测和重传功能的两路异步消息传输模型比从 NGAS 中抽象出来的带重传的同步消息传输模型具有更高的数据传输性能。

模拟环境下，不同文件大小、并发数(线程数)及 ZeroMQ 中 IO 线程数对 ASM-None 系统性能影响的测试结果表明：

(1)在文件大小和并发数(线程数)相同时，改变 ZeroMQ 中 IO 线程数基本上不会改变 ASM-None 的性能。因此，在后期进一步优化系统性能时，可以不用考虑 ZeroMQ 中 IO 线程数这个因素。

(2)在文件处于 143 MB、430 MB、860 MB 数百兆字节数量级时，改变文件大小基本上不会改变 ASM-None 的性能(图 3.25)。因此，在后期进一步优化系统性能时，处于这个数量级的文件大小可以任意选择。

(3)当文件大小和 IO 线程数相同时，改变并发数(线程数)会在很大程度上改变 ASM-None 的性能。因此，ASM-None 的并发数(线程数)可以作为后期优化系统性能时的一个关键调优因素。

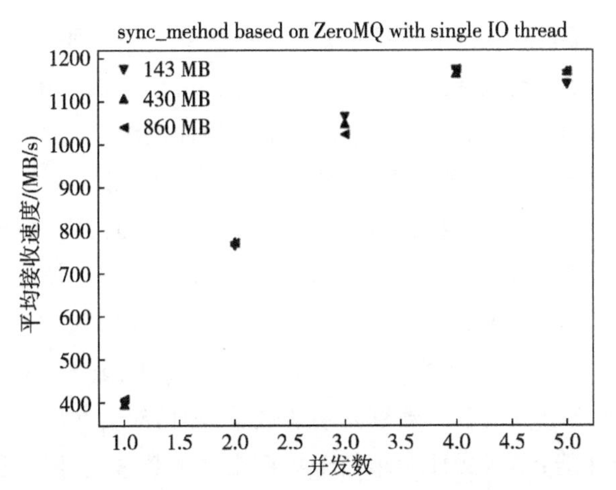

图 3.25　单一 IO 线程下 3 种文件 1～5 个并发数对应的平均接收速度

(4)当文件为 143 MB、430 MB、860 MB 数量级且并发数为 4 时，尽管 ASM-None 获得的平均数据注入速度与万兆网络专线的理论上限还有一定的差距，但是该数据传输速度能够达到甚至略超过万兆网络专线的实测带宽。

但是，由于 ASM-None 需要为每一个数据消息发送线程分配一个端口，且每个 IPv4 地址的端口数受 65536 的限制，因此，ASM-None 存在只能为有限数量的数据订阅者提供数据传输服务的不足。

3.7　本章小结

为了提高海量射电天文观测数据在数据共享/异地归档中的跨区域传输速度，本章重点讨论了如下内容。

第一，对天文领域中现有的常用下一代归档存储系统(NGAS)中的数据同步功能、数据归档功能及远程传输功能进行了分析，将 NGAS 实现异地传输/归档系统时所用的消息传输模型抽象为带重传的同步消息传输模型(出错重传方法)。

第二，从理论上分析出错重传方法存在需要等待对端反馈消息而降低数据消息传输效率的不足，提出了克服该不足的带状态检测和重传功能的两路异步消息传输模型——高效消息传输模型，且从理论上证明了提出的高效消息传输模型比现有系统中使用的出错重传方法具有更高的数据消息传输效率。

第三，基于高效消息传输模型的思想，使用 ZeroMQ 和 Python 设计与实现了一套高效数据传输系统（ASM-None）。然后，在单机环境和模拟环境下，对 ASM-None 进行了性能测试。单机环境下的性能测试结果（ASM-None 获得的平均数据传输速度是现有系统 NGAS 的 39.933 倍）表明 ASM-None 与现有系统相比具有更高的数据传输性能，即从实践上证明了提出的高效消息传输模型与出错重传方法相比具有更高的数据传输效率。模拟环境下的性能测试结果表明：①ZeroMQ 中的 IO 线程数不是系统优化的关键影响因素；②数据传输的并发数是系统性能调优的一个关键影响因素；③当文件大小处于 143 MB、430 MB、860 MB 数百兆字节数量级时，改变文件的大小基本上不会影响系统的性能；④当文件大小处于数百兆字节数量级且并发数达到 4 时，ASM-None 的平均传输速度达到甚至略高于万兆网络专线的实测带宽（1171.5 MB/s），即 ASM-None 基本上实现了 10 Gb/s 网络带宽的满负载。简言之，模拟环境下的性能测试不仅获得了 ASM-None 系统调优的关键因素，而且从实践上证明了 ASM-None 具有很高的数据传输速度。

综上所述，本章的研究成果能够为天文海量数据管理解决数据传输方面的部分关键问题，从而在一定程度上提升整个天文海量数据管理的总体功能。

第四章　观测数据低冗余归档

为了满足海量射电天文观测数据在提高归档数据可靠性的同时尽可能降低额外存储开销的需求，本章首先在简要分析 SKA 这类大型射电望远镜具有类似低冗余归档需求的基础上，提出基于纠删码的归档模型；其次简要介绍该归档模型所用纠删码算法的选择过程；再次在详细介绍该归档模型具有的相关归档功能的基础上，基于该归档模型实现一套可以运行的低冗余归档系统；最后通过该系统的性能测试验证所提出的模型和实现系统的有效性。

4.1　应用需求

副本技术和纠删码(Erasure Coding，EC)技术是存储系统中提高数据可靠性的两种常用数据冗余技术。随着数据量的增长，在归档系统中常用的副本技术在数据归档时将会产生巨大的额外存储开销。因此，在保证归档数据可靠性的前提下，如何提高存储利用率(降低额外存储开销)已成为当前归档系统面临的主要问题之一。

同样，在面对 SKA 这类即将产生海量观测数据的归档时，额外的存储开销直接决定着归档系统是不是一个切实可行的归档方案。如果在为 SKA 这一类项目设计与实现的归档系统中只使用单纯的副本技术，那么该归档系统会因为副本技术的低存储利用率产生巨大且无法接受的额外存储开销。也就是说，对 SKA 这一类即将产生海量观测数据的项目来说，基于副本技术的归档系统是一种不具有可行性的归档模型。因此，尽管纠删码技术没有副本技术负载均衡、高访问性能及高可用性的优点，但是因为纠删码技术比副本技术具有更高的存储利用率，所以基于纠删码的归档模型是一种具有可行性的归档模型。

现有射电望远镜中最常用的下一代归档存储系统(NGAS)使用的数据冗余技术是副本技术，导致 NGAS 无法满足将来 SKA 对归档数据低冗余度的性能需求。针对 NGAS 无法满足将来 SKA 对归档数据低冗余度的性能需求，本书在研究副本技术与纠删码技术这两类常用数据冗余技术的基础上，结合上一章提出的高效消息传输模型，提出了基于纠删码的归档模型——低冗余归档模型。使用低冗余归档模型来为归档数据提供数据冗余和可靠性，进而达到进一步降低归档数据冗余度的目的。

4.2 纠删码算法选择

本节首先介绍纠删码中的一些关键概念和核心性能指标，然后基于这些关键概念和核心性能指标选择一种纠删码算法，该纠删码算法将作为低冗余归档模型的核心数据冗余算法。

4.2.1 相关概念和性能指标

容错能力为 M 是指通过将 K 个磁盘或存储节点上的数据增加冗余后存储到 M 个磁盘或存储节点上，对于有 $K+M$ 个磁盘或存储节点中的任意 M 个磁盘或存储节点失效，都可以通过剩余的 K 个未失效的磁盘或存储节点中的数据解码恢复。冗余度是指编码结构中编码(冗余)数据单元所占的比例，其计算公式为 $M/(K+M)$，它决定了归档系统在存储冗余数据方面的空间开销。存储效率是指编码结构中原始数据单元所占的比例，其计算公式为 $K/(K+M)$，它决定了系统在存储原始数据方面的空间开销。

纠删码是指将原始数据分块并编码生成校验数据块，然后将原始数据块和校验数据块保存在不同的磁盘或存储节点上，进而保证在丢失一定量内的数据块时，原始数据仍旧可以恢复出来。在存储系统中，使用纠删码将数据量为 S 的原始数据均分成 K 个大小相等的原始数据块，将 K 个数据块编码为 M 个大小相等的校验数据块的过程称为编码(Encoding)，每个原始数据块/校验数据块的大小为 S/K。原始数据和校验数据(冗余数据)共同保证了存储系统中数据的可靠性，即在丢失少量原始/校验数据块的情况下存储系统仍可解码出完整、可用的原始数据。解码(Decoding)是指利用一部分原始/校验数据块生成原始数据；修复(Repairing)是指利用未失效的原始/校验数据块恢复失效数据块。更新(Updating)是指原始数据被修改后，校验数据块中的校验数据也必须更新以保证原始数据和校验数据的一致性。

按照原始数据块和校验数据块在存储系统中的布局方式，纠删码还可以分为水平码和垂直码[118]。在水平码中，同一个条带（Stripe）中的原始数据块和校验数据块分别存放在数据节点和校验节点；然而在垂直码中，每个节点上既有原始数据块也有校验数据块。水平码由于原始数据块和校验数据块分开存放，容易扩展。在水平码中，数据节点只保存原始数据块，而校验节点只保存校验数据块，可能会出现数据访问集中在数据节点，而更新操作集中在保存校验数据块的校验节点的问题。

系统码（Systematic Code）是指编码后的数据包含原始数据和校验数据的编码方法；非系统码（Non-Systematic Code）是指编码后的数据只包含校验数据，没有原始数据的编码方法。在系统码中，一个条带由 $K+M$ 个数据块（Strip）构成，K 和 M 分别表示一个条带中的原始数据块数目和校验数据块数目。数据块大小是指原始数据进行编码计算时，原始数据被均分的大小，在不同的存储系统中数据块大小不同。系统码可以保证原始数据在读取时不用解码即可得到。

最大距离可分（Maximum Distance Separable，MDS）编码是满足单例边界（Singleton Bound）的线性编码方式[119]。满足 MDS 性质的编码与未满足 MDS 性质的编码相比，它在同等容错能力的情况下拥有最低的额外存储开销，且能以最大概率恢复原始数据。MDS 性质能保证 $K+M$ 个磁盘或存储节点中任意 K 个磁盘或存储节点都可以恢复原始数据，或者可表示为该编码方案能够容忍任意 M 个磁盘或存储节点发生故障，而数据不会发生丢失。

生成矩阵（Generator Matrix）定义了原始数据块如何计算生成校验数据块[120]。利用生成矩阵，可以对原始数据进行编码、解码和修复。数据编码是指生成矩阵和所有生成的原始数据块做乘积的过程，计算结果为校验数据块。用于纠删码解码和修复的解码矩阵和修复矩阵，均可以从生成矩阵中构造出来。从生成矩阵中剔除失效数据块对应的行之后留下的残余矩阵中任取一个满秩的方阵，找出该方阵对应的有效数据块，利用求得的该方阵的逆矩阵（解码矩阵）和得到的有效数据块做乘积，其结果为原始数据。

4.2.2 算法分析

里德-所罗门（Reed-Solomon，RS）码是存储系统中比较常用的一种纠删码。由于RS码中有K(原始数据文件被分成的块数目)和M(通过RS编码后生成的校验块的数目)这两个参数,因此RS码也可简记为RS(K,M)。RS码是一种基于有限域(Galois Field,GF)的纠删码方法。假设原始数据文件的大小为S,则每个原始/校验数据块的大小为S/K。根据RS码中所用生成矩阵的不同,将RS码分为两类,即基于范德蒙矩阵的里德-所罗门(Vandermonde-Reed-Solomon,VRS)码和基于柯西矩阵的里德-所罗门(Cauchy-Reed-Solomon,CRS)码。VRS和CRS都具有MDS性质,同时VRS还是一种系统码。

如果存储系统中经过RS码编码后的数据存在数据块丢失,那么为了保证数据的冗余度不变,则需要读取K块未失效的数据块恢复丢失的原始/校验数据块。然而,在生产环境部署的存储系统中,磁盘故障导致数据丢失是经常发生的事情。因此,为了恢复丢失数据需要消耗较大的网络I/O和CPU资源。为了降低恢复数据时所使用的网络I/O和CPU资源开销,出现了两种改进算法,即局部修复码(Locally Repairable Code,LRC)和稀疏纠删码(Sparse Erasure Code,SEC)。

LRC(K,$M1+M2$,G)编码步骤如下:①对原始数据文件使用RS(K,$M1$)编码,编码结果为K个数据块(D_1、D_2、…、D_K)和$M1$个校验块(C_1、C_2、…、C_{M1});②将K个原始数据块均分成$M2$($M2=K/G$,K能够整除G)组,每个小组再生成一个编码块,即第i个小组的编码块为P_i(P_i由$D_{i+1}D_{i+2}\cdots D_{i+G}$生成);③如果某个数据块丢失,如$D_1$丢失,则只需要读取$G$个数据块/校验块,即$P_1$、$D_2$、$D_3$、…、$D_G$,就可以恢复$D_1$;④如果某个非组内的校验块丢失,恢复数据仍然需要读取除了$M2$个组内校验块以外的任意K个数据块/校验块。LRC通过增加$M2$个数据块(使用更多的存储空间),来减少恢复数据时所需读取数据块的数量,进而达到在数据恢复时降低所使用的网络I/O和CPU资源开销。

SEC(K,$M1+M2+1$,G)编码步骤如下:①对原始数据文件使用RS(K,$M1$)编码,编码结果为K个数据块(D_1、D_2、…、D_K)和$M1$个全局校验块(C_1、C_2、…、C_{M1});②将K个原始数据块均分成$M2$($M2=K/G$,K能够整除G)组,生成$M2$个局部校验块,即每个小组生成一个局部校验块,即第i个小组的局部校验块为P_i(P_i由$D_{i+1}D_{i+2}\cdots D_{i+G}$生成);③将$M2$个全局校验块作为一组,并利用这$M2$个全局校验块生成一个全局校验块组的局部校验块;④如果某个数据块/校验块丢失,则只需要读取相应分组内的其他G个或$M2$

个数据块/校验块来进行数据恢复，即需要 G 次或 $M2$ 次 I/O 操作。SEC 的存储开销为 $1+(M1+M2+1)/K$。SEC 同样是通过增加更多的额外存储开销的方式来降低恢复数据时的网络 I/O 和 CPU 资源开销。SEC 相比 LRC 增加了通过全局校验块生成的局部校验块的存储量，进而达到在恢复某个全局校验块时降低网络 I/O 和 CPU 资源开销的目的。

尽管 LRC 和 SEC 通过增加适当的存储块（额外存储开销）来降低数据修复时所使用的网络 I/O 和 CPU 资源开销，但是增加的数据块使这两种方法丧失了纠删码的 MDS 性质，这在一定程度上牺牲了归档系统的可靠性和可用性，进而导致 LRC 和 SEC 无法满足 SKA 这类大型射电望远镜的归档系统对所使用的数据冗余算法的性能需求，即无法满足所用的数据冗余算法在提供相同容错能力的情况下要尽最大可能降低额外存储开销的需求。尽管 VRS 与 LRC 和 SEC 相比在恢复丢失原始/校验数据块时无法降低网络 I/O 和 CPU 资源的开销，但是 VRS 是一种能够满足 SKA 这类大型射电望远镜的归档系统对数据冗余算法性能需求的纠删码数据冗余算法。VRS 是一种系统码，能保证存储系统在读原始数据时不用解码，且其具有的 MDS 性质保证该算法具有最低的存储开销。

4.3　归档模型及其归档系统

本节将首先介绍低冗余归档模型，其次基于低冗余归档模型设计与实现一个低冗余归档系统。为了后文叙述方便，将实现的低冗余归档系统简记为 ASM-VRS。

4.3.1　归档模型

本章提出的低冗余归档模型是指将从纠删码算法中选用的 VRS 集成到上一章中提出的高效消息传输模型中而形成的模型，即将高效消息传输模型中不具有数据冗余功能的数据存储模块替换成使用 VRS 实现的具有数据冗余功能的数据归档处理模块。VRS 实现的具有数据冗余功能的数据归档处理模块的功能是指将接收到的数据文件使用 VRS 算法进行处理，生成多个原始数据块和校验数据块，然后将生成的多个原始数据块和校验数据块通过网络传输到不同的数据块存储设备上进行存储。

为了使数据订阅端能够及时检测到数据块失效及尽快修复失效的数据块，在低冗余归档模型中的数据订阅端，加入数据块失效监控功能和失效数据块修复功能。

数据块失效监控功能主要通过如下两个线程来实现：

线程 1，按固定时间间隔扫描数据节点，将失效的数据节点加入失效节点队列；

线程 2，按固定时间间隔遍历失效节点队列，将失效节点队列中未达到需要修复时间阈值且不再失效的节点从失效节点队列中移除，同时将失效节点队列中达到需要修复时间阈值的失效节点从失效节点队列中移除并加入修复节点队列。

失效数据块修复功能通过如下步骤来实现：

Step1，从修复节点队列中取一条需要修复的数据记录；

Step2，如果无法从远程或本地获取修复数据必要的数据，那么修复该数据记录失败，跳转到 Step1，否则跳转到 Step3；

Step3，利用获取到的数据进行解码；

Step4，将解码后获得的原始数据进行编码；

Step5，从编码后的数据块中选择丢失数据对应的数据块，并将该数据块存储到对应的存储节点，跳转到 Step1。

4.3.2 归档系统的设计与实现

低冗余归档模型中数据归档处理模块中的 VRS 算法需要使用大量的计算资源来对要接收到的数据文件进行切分和计算校验数据块，进而在提高数据可靠性的前提下保持较低的数据冗余度。然而，上一章提到的高效数据传输系统(ASM-None)是基于无法利用服务器多核计算资源的 Python 多线程模块 threading 实现的。因此，在基于 ASM-None 实现 ASM-VRS 时，首先需要使用能够利用服务器多核计算资源的 Python 多进程模块 multiprocessing 来重构 ASM-None 中的相应功能模块，然后将基于 VRS 算法实现的数据归档处理模块集成到重构之后的 ASM-None 中，进而实现 ASM-VRS。

同时，使用 Python 的多进程模块 multiprocessing 而不是 Python 的多线程模块 threading 来实现基于 VRS 算法的数据归档处理模块的原因如下：

①Python的全局解释器锁(Global Interpreter Lock)导致每次只有一个线程在执行Python的代码,进而导致Python中的多线程模块threading不能真正利用服务器的多核计算资源,但是threading对于同时绑定多个I/O的任务依然是一个合适的模型[①];②Python中的多进程模块multiprocessing能够通过使用子进程(subprocesses)代替线程来绕过全局解释器锁,进而充分利用服务器的多核计算资源[②]。

由于数据发布端负责接收和处理数据订阅消息(Sub-Msg)及数据退订消息(Unsub-Msg)的Subscriber-Server不负责发送由文件封装成的数据消息,故不需要对Subscriber-Server的代码和功能进行重构。同样,由于数据订阅端用于与Subscriber-Server通信的Subscriber-Client不负责接收和处理由文件封装成的数据消息,故也不需要对其代码和功能进行重构。

由于数据发布端发送由文件封装成的数据消息的功能是由Pub-Server实现的,故需要对Pub-Server中的相应功能和代码进行重构,以期达到更优的数据发布效果。同样,由于数据订阅端用于接收和处理由文件封装成的数据消息的功能是由Sub-Server实现的,故需要对其中的相关功能和代码进行重构。

1. 重构Pub-Server

对于Pub-Server中的发布数据函数、停止发布函数、轮询发布端服务器运行状态函数、更新积压表和发布队列函数、轮询端口发布事件函数、接收反馈消息函数、处理反馈消息函数、轮询和更新发布数据事件函数及轮询和处理退订事件函数的重构,只需要将这些函数中对线程队列和线程事件的操作替换为对进程队列和进程事件的操作,即可完成对这些函数功能模块的重构。

然而,在重构系统初始化函数和处理新增订阅者函数时,除了需要将线程队列和线程事件的操作替换为进程队列和进程事件的操作以外,需要将发布数据的函数以进程的方式来创建和启动。

重构之后的Pub-Server执行流程如图4.1所示。

---

① https://docs.python.org/2/library/threading.html。

② https://docs.python.org/2/library/multiprocessing.html。

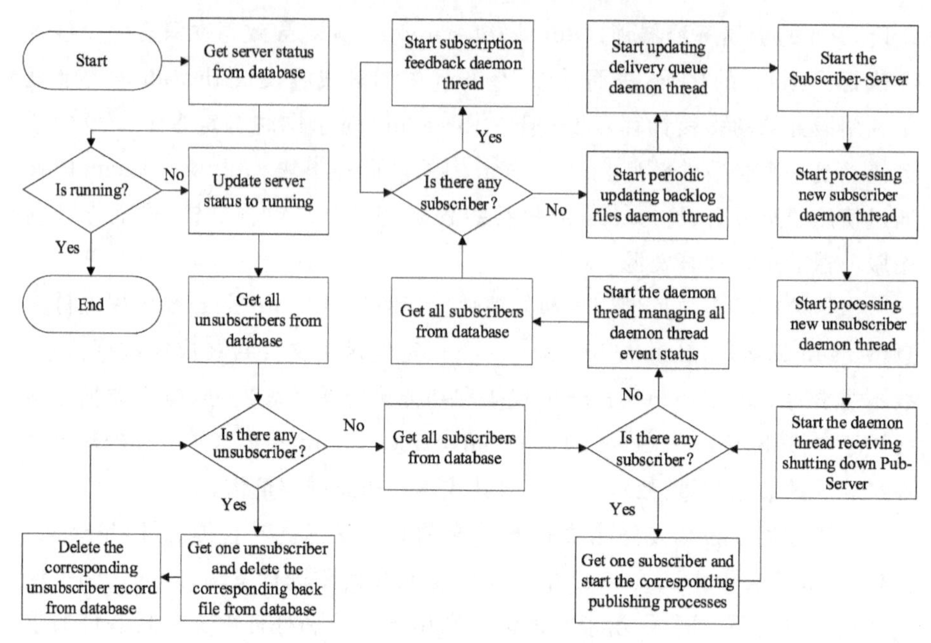

图 4.1　Pub-Server 执行流程

2. 重构 Sub-Server

对于 Sub-Server 中的停止订阅函数、轮询订阅端服务器运行状态函数、发布反馈消息函数、接收订阅数据函数、处理接收数据函数、轮询发布反馈消息事件函数、数据订阅端处理新增的发布者函数及轮询退订消息事件函数的重构，只需要将这些函数功能模块中对线程队列和线程事件的操作替换为对进程队列和进程事件的操作即可完成对这些函数功能模块的重构。

然而，在重构系统初始化函数和处理新增发布者函数时，除了需要将线程队列和线程事件的操作替换为进程队列和进程事件的操作以外，还需要将处理接收发布消息函数(process_received_pub_msg)以进程的方式来创建和启动。

3. 集成 VRS

将基于 VRS 算法实现的数据归档处理模块集成到 Sub-Server 中，是指将处理接收发布消息函数(process_received_pub_msg)中对应的文件归档功能用实现了 VRS 算法的函数功能模块进行替换。同时，需要为 VRS 产生的原始数据块和校验数据块指定归档路径。集成了基于 VRS 算法实现的数据归档处理模块的 process_received_pub_msg 的伪代码如图 4.2 所示。

```
from pyeclib.ec_iface import ECDriver/*导入 VRS 算法所需的模块*/
while (not stop_subscribe_event.is_set( )):/*数据订阅服务未停止*/
    if (not unsubscribe_event.is_set( )):/*订阅者处于正在订阅状态*/
        /*从接收数据队列中取出一个接收的数据元素，并设定等待时间*/
        try:
            receive_data_item = received_data_queue.get(timeout=2)
        except Exception as _:
            continue
        从数据元素（receive_data_item）中拆分出文件头相关的信息和文件中的数据
        连接 MySQL 数据库
        执行通过 MySQL 的 REPLACE 构造的 SQL 语句，并返回受影响的行 row_num
        if row_num= =1:
            ec_driver= ECDriver(k=4, m=2, ec_type='jerasure_rs_vand')/*实例化 VRS(4,2)*/
            fragments = ec_driver.encode(file_data)/*编码要归档的数据文件*/
            将原始文件数据块和校验数据块存入对应的存储节点或磁盘
            conn_obj.commit( )/*MySQL 的连接对象执行提交命令*/
            关闭与 MySQL 数据库的连接
        elif row_num > 1:/*表示该数据文件已经接收过了*/
            conn_obj.rollback( )/*MySQL 的连接对象执行回滚命令*/
            关闭与 MySQL 数据库的连接
            将拆分出来的数据文件丢弃
        构造该接收文件对应的成功接收的反馈信息 feedback_info
        feedback_info_queue.put(feedback_info)/*将产生的反馈信息存入反馈队列中*/
    else:/*订阅者服务器已经被设置成停止状态*/
        break/*退出该函数*/
```

图 4.2　process_received_pub_msg 的伪代码

4.4　性能测试

为了后文叙述方便，给出了如下 5 个简称：①将上一章基于高效消息传输模型设计与实现的高效数据传输系统简记为 ASM-None；②将基于低冗余归档模型设计与实现的低冗余归档系统简记为 ASM-VRS；③将基于 NGAS 实现的不带数据冗余功能的异地归档系统简记为 NGAS；④将并发线程数(number of concurrent threads)简记为 CT；⑤将并发进程数(number of concurrent processes)简记为 CP。

本节的性能测试主要用于测试不同文件大小、并发数及 High Water

Mark(HWM)对 ASM-VRS、ASM-None 及 NGAS 这 3 套系统的性能影响。性能测试中共涉及 4 种不同大小的 FITS 文件，它们的文件大小分别为 201 600 B、143 MB、430 MB 和 860 MB；它们的数量分别为 25 万个、500 个、500 个和 500 个。同时，为 ASM-VRS 系统中的 VRS 算法指定参数 4 和 2，也就是说 ASM-VRS 只需要增加 50％的额外存储开销就能达到采用 3 副本策略的归档系统的容错能力 2。其中，VRS 算法中的参数 4 和 2 分别表示原始数据文件将会被切分成 4 个原始数据块和通过 4 个原始数据块生成 2 个校验数据块。

4.4.1 实验环境

实验平台由 8 台汉柏服务器构成，每台服务器的型号都为 C6430 G3。每台服务器的硬件配置为：两个型号为 E5-2630 v3 的 2.40 GHz Intel® Xeon (R) CPU，每个 CPU 有 16 个核；128 GB RAM；一个型号为 V2.2-1 (Feb 2014)的 InfiniBand card (Mellanox ConnectX HCA)。每台服务器的软件配置为：操作系统为 CentOS，系统版本为 7.4.1708；每台服务器的数据库为 MySQL，版本为 5.6.24；编程语言为 Python，版本为 2.7.15；网络带宽为 56 Gb/s。

这 8 台服务器组成的实验平台的部署如图 4.3 所示。S1 用于部署 ASM-VRS 和 ASM-None 中的数据发布端服务器，S2 用于部署 ASM-VRS 和 ASM-None 中的数据订阅端服务器(数据归档处理端)。将部署在服务器 S1 上的 NGAS 作为数据发布端服务器，将部署在服务器 S2 上的 NGAS 作为数据订阅端服务器。

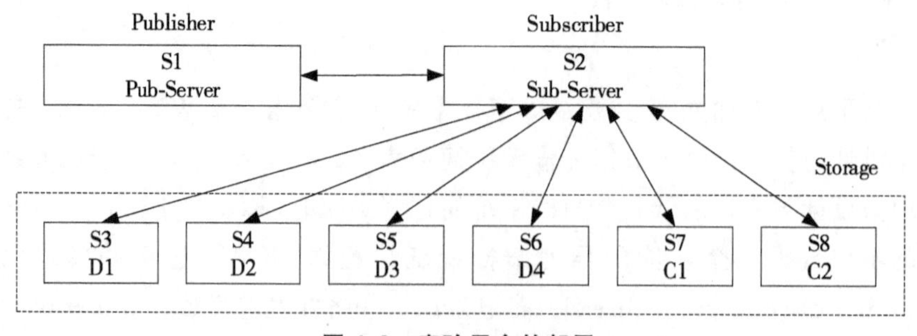

图 4.3 实验平台的部署

ASM-None 和 NGAS 的数据订阅端服务器接收的归档数据直接存储在

服务器 S2 上。将服务器 S3、S4、S5、S6、S7、S8 的内存作为 ASM-VRS 中数据订阅端服务器的存储系统，即将每个接收的数据文件经过 VRS 产生的 4 个大小相同的原始数据块（D1、D2、D3、D4）分别存储到服务器 S3、S4、S5、S6 的内存中，同时将生成的 2 个大小相同的校验数据块（C1、C2）分别存储到服务器 S7、S8 的内存中。

4.4.2　小文件对性能的影响

本组性能测试所用的实验数据为 25 万个 FITS 文件，每个文件的大小为 201 600 字节。将 NGAS 的并发数（concurrent_threads）设置为 4，将 ASM-None 和 ASM-VRS 中用到的并发数（concurrent_processes）、HWM 分别设置为 4 和 0。HWM 值为 0 时，意味着 ASM-None 和 ASM-VRS 中所用的 ZeroMQ 套接字的缓存不受限制。

通过性能测试，ASM-VRS、ASM-None 及 NGAS 成功归档 25 万个 FITS 文件获得的性能测试结果如表 4.1 所示。通过对表 4.1 所展示的测试结果进行计算可以得到如下关系：①ASM-None 对应的平均实时数据传输与归档速度是 ASM-VRS 的 1.8 倍；②ASM-None 对应的平均实时数据传输与归档速度是 NGAS 的 35.1 倍；③ASM-VRS 对应的平均实时数据传输与归档速度是 NGAS 的 19.5 倍。

表 4.1　文件为 201 600 B 时对应的测试结果

方法名	总耗时/s	平均实时传输与归档速度/(MB/s)
NGAS	964.82900	4.98173
ASM-None	27.47171	174.96248
ASM-VRS	49.51602	97.06996

4.4.3　文件大小对性能的影响

本组性能测试所用的实验数据为 3 种不同大小的文件，即 143 MB、430 MB 和 860 MB，且它们的文件都为 500 个。性能测试时将 ASM-VRS、ASM-None 及 NGAS 中数据发布端与数据订阅端之间的并发数都设置为 4，同时将

ASM-VRS 和 ASM-None 中的 HWM 参数设置为 20。

ASM-VRS、ASM-None 及 NGAS 成功归档 3 种 500 个不同大小的文件对应的性能测试结果如表 4.2 所示。通过对表 4.2 所展示的测试结果进行计算可以得到如下关系：①ASM-None 对应的平均实时数据传输与归档速度约是 ASM-VRS 的 2.4 倍；②ASM-None 对应的平均实时数据传输与归档速度约是 NGAS 的 3.4 倍；③ASM-VRS 对应的平均实时数据传输与归档速度约是 NGAS 的 1.4 倍。同时，从表 4.2 可知：①ASM-None 和 NGAS 随着文件的增大，平均实时数据传输与归档速度会有所提高，但是增幅很小；②ASM-VRS 的平均实时数据传输与归档速度会随着文件的增大先逐渐增加到最大值，然后随着文件的增大而降低；③在并发数为 4 和 HWM 为 20 时，文件大小为 430 MB 可能是 ASM-VRS 最优的文件大小。

表 4.2 不同文件大小对应的测试结果

方法名	文件大小/MB	总耗时/s	平均实时传输与归档速度/(MB/s)
ASM-VRS	143	90.594 17	789.234 01
ASM-VRS	430	239.446 19	897.905 29
ASM-VRS	860	498.944 04	861.820 09
ASM-None	143	35.182 91	2032.236 68
ASM-None	430	104.196 32	2063.412 60
ASM-None	860	204.846 91	2099.128 56
NGAS	143	140.950 00	507.272 08
NGAS	430	344.441 67	624.198 58
NGAS	860	658.525 00	652.974 45

4.4.4 并发数对性能的影响

为了测试不同并发数对 ASM-None 和 ASM-VRS 性能的影响，本组性能测试中所用的实验数据为 500 个 430 MB 的 FITS 文件，同时将 ASM-None 和 ASM-VRS 中的 HWM 参数设置为 20。

在并发数分别设置为 2、4、6、8、10、12、14、16、18 和 20 时，ASM-None 和 ASM-VRS 成功归档 500 个 430 MB 的 FITS 文件时对应的性能测试结果如

表 4.3 所示。从表 4.3 可以得出：①随着并发数的增加，ASM-None 和 ASM-VRS 的平均实时数据传输与归档速度会逐渐增加到最大值，然后随着并发数的继续增加，平均实时数据传输与归档速度会逐渐降低；②在相同的实验参数下，ASM-None 的平均实时数据传输与归档速度比 ASM-VRS 快；③在文件大小都为 430 MB 时，ASM-None 与 ASM-VRS 有不同的极值点，即 ASM-None 在并发数为 4 时获得最大的平均实时数据传输与归档速度，为 2063.412 60 MB/s，然而，ASM-VRS 在并发数为 8 时获得最大的平均实时数据传输与归档速度，为 1392.420 67 MB/s。

表 4.3　文件为 430 MB 时对应的不同并发数的测试结果

方法名	并发数	总耗时/s	平均实时传输与归档速度/(MB/s)
ASM-VRS	2	453.566 11	474.021 31
ASM-VRS	4	239.446 19	897.905 29
ASM-VRS	6	170.585 63	1260.364 08
ASM-VRS	8	154.407 36	1392.420 67
ASM-VRS	10	158.570 12	1355.867 04
ASM-VRS	12	168.828 49	1273.481 74
ASM-VRS	14	161.511 90	1331.171 26
ASM-VRS	16	167.251 76	1285.487 22
ASM-VRS	18	189.805 06	1132.741 14
ASM-VRS	20	173.663 09	1238.029 41
ASM-None	2	247.841 55	867.489 73
ASM-None	4	104.196 32	2063.412 60
ASM-None	6	117.462 21	1830.375 91
ASM-None	8	114.913 04	1870.980 00
ASM-None	10	117.787 70	1825.317 92
ASM-None	12	122.757 91	1751.414 63
ASM-None	14	129.293 22	1662.886 89
ASM-None	16	127.104 45	1691.522 21
ASM-None	18	137.370 06	1565.115 42
ASM-None	20	147.805 99	1454.609 52

4.4.5 HWM 对性能的影响

为了测试不同 HWM 对 ASM-None 和 ASM-VRS 性能的影响，本组性能测试中所用的实验数据为 500 个 430 MB 的 FITS 文件，同时将 ASM-None 和 ASM-VRS 中的并发数设置为 4。

在 HWM 分别设置为 10、20、30、40、50 时，ASM-None 和 ASM-VRS 成功归档 500 个 430 MB 的 FITS 文件时对应的性能测试结果如表 4.4 所示。从表 4.4 可以得出：①随着 HWM 的增加，ASM-None 和 ASM-VRS 的平均实时数据传输与归档速度会逐渐增加到最大值，然后随着 HWM 值的继续增加，平均实时数据传输与归档速度会逐渐降低；②ASM-None 的平均实时数据传输与归档速度比 ASM-VRS 快；③在文件为 430 MB 和并发数为 4，ASM-None 与 ASM-VRS 获得最大平均实时数据传输与归档速度时对应的 HWM 都为 20，即当前的实验环境中最优的 HWM 可能为 20。

表 4.4 文件为 430 MB 时对应的不同 HWM 的测试结果

方法名	高水位标记值(HWM)	总耗时/s	平均实时传输与归档速度/(MB/s)
ASM-VRS	10	242.070 81	888.169 87
ASM-VRS	20	239.446 19	897.905 29
ASM-VRS	30	245.536 25	875.634 45
ASM-VRS	40	262.311 33	819.636 73
ASM-VRS	50	265.372 07	810.183 23
ASM-None	10	169.137 56	1271.154 66
ASM-None	20	104.196 32	2063.412 60
ASM-None	30	167.920 90	1280.364 74
ASM-None	40	166.262 17	1293.138 42
ASM-None	50	167.776 26	1281.468 55

4.5 分析与讨论

性能测试结果表明，无论是未提供数据冗余的 ASM-None，还是提供低冗余度的 ASM-VRS，获得的平均实时数据传输与归档速度都明显优于未启用 3 副本策略的 NGAS。

1. 归档速度的分析与讨论

(1)当要归档的文件从数百千字节(201 600 B)量级增大到数百兆字节(143 MB、430 MB 和 860 MB)量级时，对于未启用 3 副本策略的 NGAS、未提供数据冗余的 ASM-None 及提供低冗余度的 ASM-VRS 来说，它们对应的平均实时数据传输与归档速度都至少有一个数量级的提升，即 NGAS、ASM-None 和 ASM-VRS 的平均实时数据传输与归档速度分别提升了约 119.40 倍、11.80 倍和 8.75 倍，也就是说这 3 种系统的性能都会受到文件大小的影响。

(2)在文件处于数百兆字节这个量级时，尽管性能测试时文件大小有数倍的增加，但是 NGAS、ASM-None 和 ASM-VRS 这 3 种系统的平均异地归档速度没有产生数倍的性能提升，只是获得略微的性能提升，如表 4.2 所示的结果表明在文件从 143 MB 增到 860 MB 时 NGAS 的性能提升最大，也就只有 28.723%的性能提升。也就是说，当要被异地归档的数据文件处于数百兆字节量级时，优化文件大小不会给平均实时数据传输与归档速度带来数倍的性能提升。

(3)随着要被异地归档的文件从数百千字节增大到数百兆字节时，ASM-None 和 ASM-VRS 的平均实时数据传输与归档速度相对于 NGAS 的性能从 35.1 倍和 19.5 倍分别降低为 3.4 倍和 1.4 倍，也就是说，ASM-None 和 ASM-VRS 相对于 NGAS 的性能优势在降低，但是依然具有相当明显的性能优势。

(4)从表 4.3 和表 4.4 的性能测试结果对比可知，ASM-None 在并发数和 HWM 分别设置为 4 和 20 时能够达到最大的平均实时数据传输与归档速度，为 2063.412 60 MB/s，然而 ASM-VRS 在并发数和 HWM 分别设置为 8 和 20 时能够达到最大的平均实时数据传输与归档速度，为 1392.420 67 MB/s。也就是说，ASM-None 与 ASM-VRS 获得的最大平均实时数据传输与归档速度与 56 Gb/s 网络带宽的理论传输速度 7000 MB/s 还相差甚远。因此，如果为了充分利用网络带宽(让平均实时数据传输与归档速度使网络带宽达到饱和)，那么可以在数据接收方的多台服务器上同时部署 ASM-None 和 ASM-VRS 中的数据订阅端服务器，并让这些数据订阅端服务器同时订阅数据发布端服务器，进而使整体的平均实时数据传输与归档速度得到进一步提升,最终达到充分利用网络带宽的目的。

2. 存储利用率的分析与讨论

性能测试时,ASM-VRS 中 VRS 算法使用的参数值为 4 和 2,其中,4 表示原始数据文件将会被切分成 4 个原始数据块,2 表示通过 4 个原始数据块生成 2 个校验数据块。也就是说,ASM-VRS 只需要额外增加 50%的存储开销就可以达到 3 副本策略需要额外增加 200%的存储开销才能达到的容错能力 2,同时 ASM-VRS 获得的归档速度是未启用 3 副本策略的 NGAS 的 1.4 倍。但是 ASM-VRS 在某种程度上丧失了基于副本策略实现的归档系统所具有的负载均衡性能,同时 ASM-VRS 对服务器的计算性能要求较高。

但是对于处理 SKA 这类即将产生海量观测数据的大科学工程项目的归档来说,基于纠删码的归档模型具有如下特点。

(1)从额外存储开销角度讲,当存储相同数据容量的原始数据且提供同样容错能力时,ASM-VRS 与使用 3 副本的 NGAS 的归档系统相比具有更小的存储开销。例如,性能测试中 VRS 算法使用参数值 4 和 2 时,ASM-VRS 只需要额外增加 50%的存储开销,而使用 3 副本的 NGAS 却需要额外增加 200%的存储开销。

(2)从可靠性角度讲,使用 3 副本的 NGAS 归档系统只允许同时最多失效 2 个存储节点,而使用 VRS 算法的 ASM-VRS 归档系统允许同时失效 M 个存储节点,直观来说大大改善了存储归档系统的可靠性。

(3)从可用性角度讲,ASM-VRS 中将归档的原始数据文件切分成 K 份大小相等的原始数据块,并将这 K 份原始数据块存储在 K 个存储服务器上,这在一定程度上能够省去分布式并行数据处理系统对数据的切分时间,如果 ASM-VRS 中对归档数据文件切分的 K 份刚好满足分布式数据处理系统的切分需求,那么这将有助于促进分布式并行数据处理系统的性能提升。

(4)从负载均衡角度讲,ASM-VRS 归档系统在一定程度上丧失了基于副本策略实现的归档系统所具有的负载均衡优势。

尽管基于纠删码的归档模型相对于基于副本策略的归档模型具有存储利用率高、异地归档速度快的优点,但是基于纠删码的归档模型却没有考虑数据发布端和数据接收端存在单点故障的问题,因此,在未来优化基于纠删码的归档模型时将会在模型中加入双机或多机热备策略,使重新优化之后的模型具有更高的异地归档速度和存储利用率。

4.6　本章小结

为了使海量射电天文观测数据在进行高可靠性归档时尽可能降低数据冗余，本章重点讨论了如下工作。

第一，对天文领域中广泛使用的下一代归档存储系统（NGAS）中的数据归档子系统进行了分析，指出现有归档子系统所用的提高数据可靠性的归档模型是基于副本技术的归档模型。

第二，从理论上分析出基于副本技术的归档模型存在产生数倍存储开销的不足，基于提出的高效消息传输模型和既能提高归档数据可靠性又能降低额外存储开销的纠删码技术，提出了克服该不足的基于纠删码的归档模型——低冗余归档模型，且从理论上证明了低冗余归档模型比现有系统中使用的基于副本技术的归档模型在具有相同数据容错能力的情况下具有更高的归档速度和更低的数据冗余度。

第三，基于低冗余归档模型的思想，设计与实现了一套低冗余归档系统（ASM-VRS）。对AMS-VRS在不同文件大小、并发数及HWM条件组合下进行性能测试。测试结果表明：①当文件为数百兆字节这个量级时，ASM-VRS获得的平均归档速度是现有系统NGAS没有启用3副本策略时的1.4倍，进而说明，低冗余归档系统能够在提高归档数据可靠性和归档速度的同时尽可能降低额外存储开销；②当文件为数百兆字节这个量级时，ASM-None获得的平均归档速度是NGAS的3.4倍，再次证明ASM-None与现有系统相比具有更高的数据传输性能；③当文件为数百兆字节这个量级时，改变文件大小基本不会影响ASM-VRS的归档速度；④当文件为数百兆字节这个量级时获得最佳性能的并发数和HWM组合是并发数为8和HWM为20，这为以后ASM-VRS在生产系统中的应用提供了可借鉴的性能参数组合。也就是说，ASM-VRS的性能测试从实践上证明了基于高效消息传输模型实现的低冗余归档系统与现有系统相比在具有相同的数据容错能力的情况下具有更低的数据冗余度和更高的归档速度。同时，还给出了对低冗余归档系统进行性能调优时所需的关键参数。

整体来看，本章的研究成果能够为天文海量数据管理解决数据归档方面的部分关键问题，从而在一定程度上提升整个天文海量数据管理的总体功能。

第五章　负数据库在MUSER中的应用

为了验证第二章提出的负数据库能够高效管理以MUSER为例的大型射电望远镜观测产生的海量射电天文观测数据，实现的高效数据传输系统和低冗余归档系统能够胜任MUSER的数据传输与归档需求，本章首先简要介绍了MUSER；其次基于负数据库系统的思想为MUSER设计与实现了负数据库系统（NDBRedis、NDBMySQL）；再次将负数据库、高效数据传输系统及低冗余归档系统部署到MUSER总体系统中，对高效数据传输系统和低冗余归档系统能够胜任MUSER的需求进行了简要分析；最后以MUSER产生的观测数据来对实现的负数据库系统进行性能测试、分析与讨论。

5.1　明安图射电频谱日像仪简介

明安图射电频谱日像仪（MingantU SpEctral Radioheliograph，MUSER）是中国自行研制的新一代具有高时间、高空间、高频率分辨率，对太阳进行射电频谱成像的专用射电望远镜设备，其观测频率范围为0.4～15 GHz[121]。MUSER位于中国内蒙古正镶白旗明安图镇。MUSER在厘米-分米波段对日冕进行层析观测，探测日冕大气，研究太阳活动的动力学性质[122]。MUSER项目由低频阵（MUSER-I）和高频阵（MUSER-Ⅱ）两个子项目构成。MUSER-I由40面4.5 m口径的抛物面天线及其接收设备组成，在64个频点上成像，其工作频率为0.4～2 GHz，且其工作频率被分成4个波段（0：0.4～0.8 GHz，1：0.8～1.2 GHz，2：1.2～1.6 GHz，3：1.6～2.0 GHz）；MUSER-Ⅱ由60面2 m口径的抛物面天线及其接收设备组成，在528个频点上成像，其工作频率为2～15 GHz，且其工作频率被分成33个波段（0：2.0～2.4 GHz，1：2.4～2.8 GHz，…，31：14.4～14.8 GHz，32：14.6～15.0 GHz）。

随着MUSER进入常规观测（循环观测模式），MUSER将会产生海量的观测数据。MUSER-Ⅰ或 MUSER-Ⅱ的数字接收机每 3.125 毫秒产生一个数据帧(观测数据/时序数据),并通过 1.25 Gb 的光纤传送到数据获取服务器。MUSER-Ⅰ和 MUSER-Ⅱ数据帧的大小分别为 100 000 B、204 800 B;它们的数据帧格式分别如图 5.1 和图 5.2 所示。MUSER-Ⅰ和 MUSER-Ⅱ分别将各自产生的连续的 19 200 个数据帧封装到各自的一个数据文件(观测数据

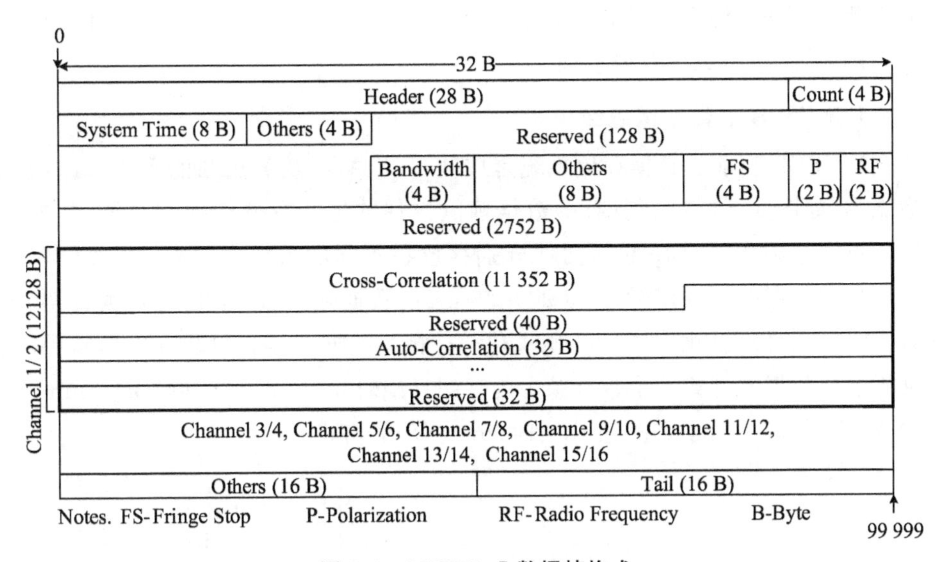

图 5.1　MUSER-Ⅰ数据帧格式

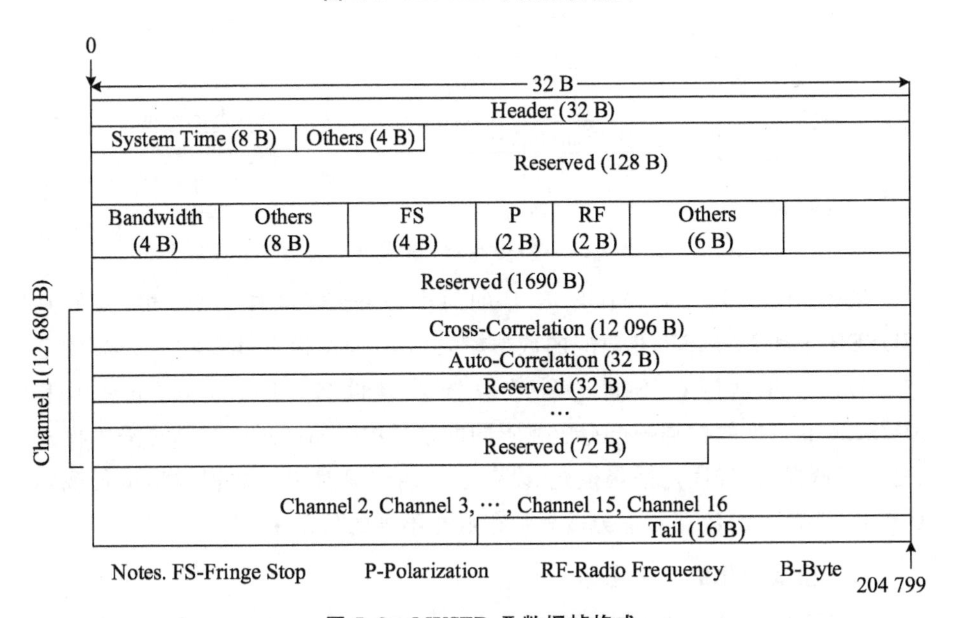

图 5.2　MUSER-Ⅱ数据帧格式

文件/时序数据文件）中，并将它们分别存放到其各自对应的文件目录中。MUSER-Ⅰ和MUSER-Ⅱ的文件分别为1.92 GB和3.932 GB。如果每天有10小时用于观测，那么MUSER-Ⅰ或MUSER-Ⅱ每天将产生1.152千万个数据帧和600个数据文件，MUSER-Ⅰ和MUSER-Ⅱ的数据量分别约为1.152 TB、2.3592 TB。如果MUSER每年有365个观测日，且每个观测日需要观测10小时，那么MUSER每年将会产生将近84.1亿个数据帧，这些数据帧占用将近1.2 PB的存储空间。

1. MUSER的数据组织结构

MUSER当前的数据存储系统是按照目录、文件及数据帧的形式来组织数据的，如图5.3所示。所有的数据帧以文件的形式存储在存储系统中，即MUSER-Ⅰ和MUSER-Ⅱ的文件分别存放在不同的目录中。MUSER的每个文件中按照时间顺序封装19 200个连续的数据帧。MUSER将观测日期、观测时间、波段、极化方式、可见度数据、自相关数据等信息封装到数据帧中。文件名是根据文件第一个数据帧中的观测日期时间以“YYYYMMDDhhmm”（YYYY：年；MM：月；DD：日；hh：时；mm：分）的格式来命名的。

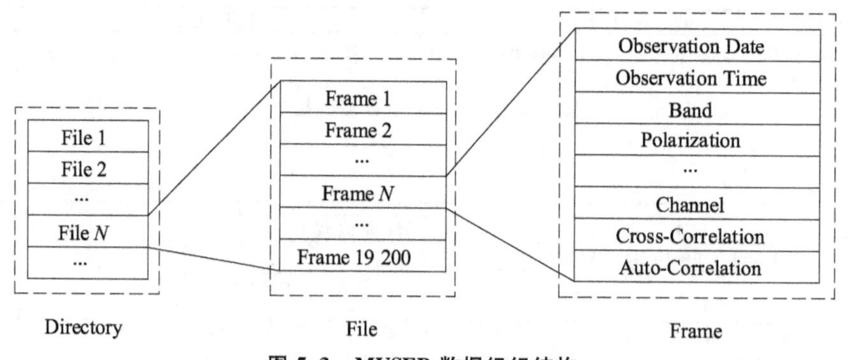

图5.3 MUSER数据组织结构

虽然MUSER-Ⅰ和MUSER-Ⅱ的时间分辨率（采样间隔）相同，但是MUSER-Ⅰ和MUSER-Ⅱ对应的数据帧大小不一样，因此我们称MUSER-Ⅰ和MUSER-Ⅱ是两种不同的科学数据采集设备。因此，MUSER-Ⅰ和MUSER-Ⅱ产生的数据帧会存放在不同的目录中。MUSER在循环采集模式（常规观测模式）和固定采集模式（设备运行期间只对单一数据类型进行观测的模式）下产生的数据帧也会被分别存放在不同的目录中。

2. 波段及极化的数字化标志

MUSER-Ⅰ的波段数字化标志如表5.1所示、MUSER-Ⅱ的波段数字化标志如表 5.2 所示、MUSER 的极化方式的数字化标志如表 5.3 所示。

表 5.1　MUSER-Ⅰ的波段数字化标志

波段(Band)	标志(B)
0.4～0.8 GHz	0
0.8～1.2 GHz	1
1.2～1.6 GHz	2
1.6～2.0 GHz	3

表 5.2　MUSER-Ⅱ的波段数字化标志

波段(Band)	标志(B)
2.0～2.4 GHz	00
2.4～2.8 GHz	01
2.8～3.2 GHz	02
3.2～3.6 GHz	03
3.6～4.0 GHz	04
…	…
13.2～13.6 GHz	28
13.6～14.0 GHz	29
14.0～14.4 GHz	30
14.4～14.8 GHz	31
14.6～15.0 GHz	32

表 5.3　MUSER 的极化方式的数字化标志

极化方式(Polarization Mode)	标志(P)
左极化(Left Polarization)	0
右极化(Right Polarization)	1

3. MUSER 的数据管理需求

MUSER 海量观测数据在存储、归档及检索方面的数据管理需求为:①按每天 10 小时用于观测且每月有 30 个观测日来计算,MUSER 的数据管理系统需要支持每月近 34.5 TB 的 MUSER-Ⅰ观测数据的归档，支持每月近 70.7 TB MUSER-Ⅱ观测数据的归档，同时支持 6.912 亿个 MUSER 数据帧的随机检索访问；②根据实时数据处理的需求，数据管理系统建立索引的时间应控制在毫秒量级，避免建立索引时间过长而影响后续的数据处理；③对归档观测数据的检索支持精确到每一帧的检索，检索时间不能超过 5 毫秒，同时考虑到科学目标的实现与科学研究的要求，对归档数据的检索需要支持范围检索，即可以通过时间段、波段和极化方式进行快速检索[123]；④对 MUSER 产生的观测数据支持高速检索与发布。

5.2 MUSER 负数据库的设计与实现

从 MUSER 的简介和能够被负数据库系统高效管理的时序数据所具有的特征可知，MUSER 产生的数据帧能够满足负数据库系统的两个使用条件：①MUSER 产生数据帧的时间分辨率为 3.125 毫秒，即满足时序数据具有固定采样间隔的数据特征；②MUSER 的数据帧按照目录、文件、数据帧的形式来组织数据且每个文件中有按照时间顺序封装的 19 200 个连续数据帧，即满足若干连续时序数据记录按序存放在数据文件中的数据特征。

本节主要涉及如何基于负数据库系统的思想为 MUSER 具体设计与实现负数据库系统，并给出负数据库系统在 MUSER 总体系统中的部署。

为了降低 MUSER 负数据库系统的实现难度，选择现有的支持字符串(Redis String)、列表(Redis List)、无序集合(Redis Set)、有序集合(Redis Sorted Set)、哈希(Hash)等数据结构的键值对(Key-Value)内存数据库 Redis[124]作为 MUSER 负数据库系统的底层数据库。将底层数据库使用 Redis 的 MUSER 负数据库系统简记为 NDBRedis。

同时，为了测试负数据库系统能够支持多种底层数据库来存储构造出来的记录，选择关系数据库 MySQL 作为 MUSER 负数据库系统的底层数据库。将该负数据库系统简记为 NDBMySQL。

5.2.1 记录结构的设计

本小节主要基于 MUSER 数据帧的数据特征，设计出符合负数据库系统中所需的两种形式的 Key-Value 并给出具体的示例。

1. 数据类型

从 MUSER 的简介可知，MUSER-Ⅰ和 MUSER-Ⅱ的数据类型是由波段和极化共同决定的，用 B 表示波段，用 P 表示极化方式，以 B_P 的形式表示数据类型，B 和 P 的数字化标志如表 5.1、表 5.2、表 5.3 所示。MUSER-Ⅰ有 4 个波段，且每个波段有两种极化方式。因此，MUSER-Ⅰ一共可以组合出 8 种数据类型：0_0、0_1、1_0、1_1、2_0、2_1、3_0、3_1。MUSER-Ⅱ有 33 个波段，且每个波段有两种极化方式。因此，MUSER-Ⅱ一共可以组合出 66 种数据类型：00_0、00_1、01_0、01_1、02_0、02_1、03_0、03_1、…、30_0、30_1、31_0、31_1、32_0、32_1。

2. 数据类型的排列次序

尽管 MUSER-Ⅰ和 MUSER-Ⅱ有多种数据类型，但是在循环采集模式下，MUSER-Ⅰ只支持覆盖 8 种数据类型的组合方式，MUSER-Ⅱ只支持覆盖 66 种数据类型的组合方式。同时，从 MUSER 的简介可知，MUSER 的数据帧是严格按照目录、文件及数据帧的形式来组织数据的。因此，通过文件所在的目录就可以推导出文件中所包含的数据类型集合，同样在已知文件中数据类型集合时也可以推导出文件所在的目录，即目录与数据类型集合之间存在严格的一一映射关系。

无论是在循环采集模式下，还是在固定采集模式下，只要知道文件中第一个数据帧所属的数据类型和文件所在的目录，那么就可以通过数据采集设备设计的数据类型采集规则推导出从该时间戳开始的数据类型采集次序。因此，提出算法 generate_permutation（图 5.4）来构造 Key1-Value1 中所需数据类型排列次序，即该算法利用文件中第一个数据帧对应的数据类型及文件所在目录对应的数据类型集合来构造 Key1-Value1 中所需数据类型排列次序。

Algorithm 5.1: generate_permutation(query,type_array)

Input:

query indicating the data type corresponding to a timestamp which is the timestamp recoreded in the first time-series data recored in one time-series data file;

type_array indicating the data types in the one-dimensional array (type_array) are sequentially stored according to a looping rule.

```
Output:
    p_array storing c1c2···cT corresponding to the data type collection order from the query
1 get the length of type_array and assign it to a_length
2 query_index = 0
3 end = a_length -1
4 for i=0 to end do
5     if type_array[i] equals to query then
6         query_index = i
7 for j=0 to end do
8     if j+1 greater than end then
9         p_array[j] = type_array[(j+query_index)%(end+1)]
10    else
11        p_array[j] = type_arra [(j+query_index)]
12 return p_array
```

图 5.4　generate_permutation 算法的伪代码

3. Key1-Value1

Key1 的实例化：由于 MUSER 将连续的 19 200 个数据帧按照时间顺序存放在一个文件中，且每个数据帧对应的采样间隔为 3.125 毫秒，故 MUSER 的每个文件对应的时间长度不小于 1 分钟。同时，由于 MUSER 的数据帧对应的采样日期时间(时间戳)格式为“YYYY_MM_DD_hh_mm_ss_fffggg”，因此，将文件中数据帧对应的时间戳舍去分钟之后的日期时间值作为 Key1 的值，Key1 的格式为“YYYYMMDDhhmm”(YYYY：年；MM：月；DD：日；hh：时；mm：分)。当一个文件对应的采样时间大于 1 分钟时，该文件会产生多个 Key1 实例。

负数据库中所设计的 Key1-Value1 中的 Value1 包括如下五部分：Filename、$c_{(1)}$、$t_{(1)}$、$t_{(n)}$、$c_1c_2\cdots c_T$。因此，MUSER 的某个文件对应 Value1 中的这五部分可以分别实例化为：①由于 MUSER 的文件是以该文件中第一个数据帧对应的时间戳舍去分钟之后的日期时间值来命名的，因此，MUSER 的文件名(Filename)格式为“YYYYMMDDhhmm”；②用 MUSER 文件中第一个数据帧中抽取出来的波段和极化元数据信息构造数据类型，并将构造好的数据类型实例化 $c_{(1)}$；③用 MUSER 文件中第一个数据帧中抽取出来的时间戳来实例化 $t_{(1)}$；④从 MUSER 的简介可知，MUSER 的每个文件中总共有 19 200 个数据帧，因此，MUSER 文件中最后一个数据帧对应的时间戳 $t_{(n)}$，将被从该文件中第 19 200 个数据帧中抽取出来的时间戳元数据信息进行实例化；⑤MUSER 文件中从第一个数据帧开始的数据类型排列次序 $c_1c_2\cdots c_T$，可以通过算法 generate_permutation 返回的对应数据类型数组来进行实例化。

同时，由于 MUSER 产生的数据帧中存储的时间戳格式为“YYYY_MM_DD_hh_mm_ss_fffggg”，因此，Value1 中的时间戳 $t_{(1)}$ 和 $t_{(19\,200)}$ 的格式也为“YYYY_MM_DD_hh_mm_ss_fffggg”。

4. Key2-Value2

从负数据库模型对 Key2-Value2 的定义可知，Key2 用于存储 MUSER 文件中第一个数据帧对应的时间戳($t_{(1)}$)。虽然 MUSER 中的时间戳($t_{(1)}$)的格式为“YYYY_MM_DD_hh_mm_ss_fffggg”，但是为了方便存储，将 Key2 实例化成“YYYYMMDDhhmmssfffggg”的格式。构成 Element2 的三部分 S、E、CP 与负数据库中定义的一致。

例如，存在如下一个名为“201812181212”的 MUSER-I 文件：①该文件在位置序号 1000 和 1001 之间丢失了两个数据帧；②该文件对应的第一个数据帧和最后一个数据帧对应的时间戳分别为“2018_12_18_12_12_49_288515”和“2018_12_18_12_13_49_294765”；③该文件中第一个数据帧中的波段和极化元数据信息分别为“0、0”。那么，文件名为“201812181212”的 MUSER-Ⅰ文件产生的两种形式的 Key-Value 如图 5.5 所示。

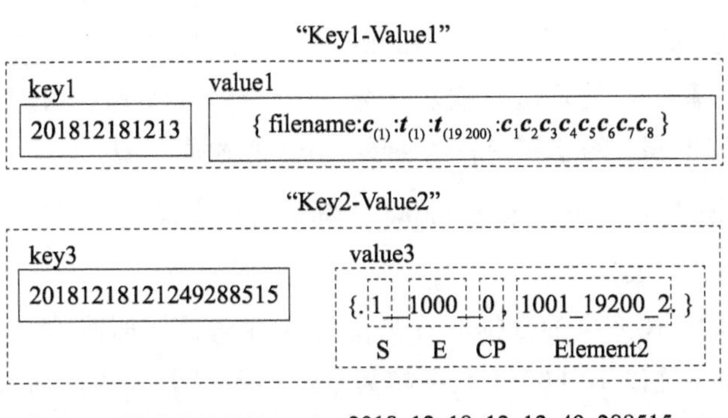

图 5.5　文件“201812181212”产生的两种形式的 Key-Value

5.2.2 记录结构的实现

本小节主要基于 Redis 和 MySQL 支持的数据类型，简要介绍 MUSER 负数据库系统（NDBRedis 和 NDBMySQL）对两种 Key-Value 记录结构的实现。

1. NDBRedis 中两种 Key-Value 记录结构的实现

(1)Key1-Value1

由 Key1 的格式为“YYYYMMDDhhmm”且其长度为 12，可知 Key1 可以用字符串来表示。同时，Value1 包括的 Filename、$c_{(1)}$、$t_{(1)}$、$t_{(n)}$、$c_1c_2\cdots c_T$ 这五部分元数据信息也都可以用字符串的形式来进行组织。因此，用 Redis 的字符串(Redis String)来作为 Key1 和 Value1 在 Redis 中对应的 key 和 value 的数据类型。

(2)Key2-Value2

由于格式为“YYYYMMDDhhmmssfffggg”且长度为 20 的 Key2 可以用字符串表示，因此，使用 Redis 的字符串作为 Key2 对应的 Redis 中的 key 的数据类型。由于 Value2 中存放的是按累计丢失数据帧数大小排序的 Element2，因此，可以使用 Redis 的有序集合(Redis Sorted set)作为 Value2 对应的 Redis 中的 value 的数据类型。由 S(表示开始偏移量)、E(表示结束偏移量)、CP(表示累计丢失数据帧数)三部分构成的 Element2，可以用字符串表示，因此，使用 Redis 的字符串作为 Element2 的数据类型。

2. NDBMySQL 中两种 Key-Value 记录结构的实现

(1)Key1-Value1

由于 MUSER 产生的数据帧在高速写入存储系统时存在随机丢失的现象，且 MUSER 是以 19 200 个数据帧为单位存入一个文件，因此，在 MUSER 运行期间的整分(Key1)，至多对应两个文件产生的 Value1。最终设计的存储 Key1-Value1 的数据表如表 5.4 所示，该表给出了 Key1 和 Value1 对应的 MySQL 数据类型。

表 5.4　存储 Key1-Value1 的数据表

字段名	数据类型	是否非空	是否主键
Key1	varchar(12)	No	Yes
Value1-Part1	varchar(400)	No	No
Value1-Part2	varchar(400)	Yes	No

(2)Key2-Value2

由于 MUSER 文件中第一个数据帧记录的时间戳(Key2)与文件是一一对应的,且 Key2 是以 20 个字符为定长的格式为"YYYYMMDDhhmmssfff-ggg"的字符串,因此,在设计数据表时可以为 Key2 指定刚好与其字符串长度相同的字符串长度。然而,由于 MUSER 产生的数据帧在高速写入存储系统时存在随机丢失数据帧的现象,会导致 Value2 的字符串长度不固定,因此,在设计数据表时只能为 Value2 指定一个较大长度的安全数据类型。最终设计的存储 Key2-Value2 的数据表如表 5.5 所示,该表给出了 Key2 和 Value2 对应的 MySQL 数据类型。

表 5.5　存储 Key2-Value2 的数据表

字段名	数据类型	是否非空	是否主键
Key2	varchar(20)	No	Yes
Value2	longtext	No	No

5.2.3　记录入库

为了构造与存储为 MUSER 负数据库系统所设计的两种形式的 Key-Value 记录,进而达到记录入库的目的,需要从 MUSER 文件中定位和提取出相应的元数据信息。MUSER 的数据处理系统(MUSEROS①)中提供了能够被用于定位和提取构造两种形式 Key-Value 所需元数据信息的文件接口函数[125]。

NDBRedis 从某个待处理 MUSER 目录中定位、提取两种 Key-Value 记录所需的元数据信息,利用提取的元数据信息构造记录,将记录存储到底层数据库 Redis 算法的伪代码如图 5.6 所示。同时,由于 NDBMySQL 中记录入库(记录的构造与存储)流程与 NDBRedis 类似,因此,这里就不再赘述。

① https://github.com/astroitlab/museros/。

```
Algorithm 5.2: extract_construct_store_key_value_for_redis(directory)
Input:
    directory indicating a directory with files that has not yet been processed
Output:
    1 indicating that all unprocessed files in the directory have been successfully processed
1 get data type combination corresponding to directory and assign it to type_array
2 obtain unprocessed files from directory and assign them to files_array
3 get the number of elements in the type_array and files_array and assign them to type_length
and files_length respectively
4 files_len = iles_length -1 and type_len = type_length -1
5 for i=0 to files_len do
6     filename = files_array[i]
7     open filename as fileobj with open_raw_file
8     get timestamp t(1)、band B and polarization P from the first frame in fileobj with
get_datetime_string、get_band and get_polarization respectively
9     get timestamp t(19200) from the last frame in fileobj with skip_frame and get_datetime_
string
10    construct c(1) with B and P
11    construct c1c2···ctype_length with c(1) and type_array using the algorithm
generate_permutation
12    extract 'YYYYMMDDhhmm' from t(1) and assign it into Key1
13    construct Value1 with filename,c(1),t(1),t(19200),c1c2···ctype_length
14    store Key1 and Value1
15    construct Key2 with t(1)
16    if ((t(19200)-t(1))/3.125= =19199) then
17        Element2 = 1_19200_0
18        add Element2 to Value2
19    else
20        S = 1
21        CP = 0
22        for E=1 to 19199 do
23            if ((t(E+1)-t(E))/3.125>1) then
24                Element2 = S_E_CP
25                add Element2 to Value2
26                CP = CP + (t(E+1)-t(E))/3.125
27                S = E +1
28        Element2 = S_19200_CP
29        add Element2 to Value2
30    store Key2 and Value2
31 return 1
```

图 5.6　extract_construct_store_key_value_for_redis 算法的伪代码

5.2.4 数据检索

为了满足天文学家能够从海量历史观测数据中快速地检索出某个时间段内满足某个或某些波段的具有指定极化方式的历史数据，设计的数据检索功能提供了开始时间（***qs***）、结束时间（***qe***）、波段（***BA***）和极化（***PA***）4 个检索字段，如表 5.6 所示。***BA*** 是一个波段数组，至少有一个波段，最多可以达到 MUSER-Ⅰ 或 MUSER-Ⅱ 的波段数上限；***PA*** 是一个极化数组，至少有一个极化，最多可以达到 MUSER 的极化数上限。

表 5.6　检索字段

序号	字段名	描述
1	***qs***	The start date and time for query
2	***qe***	The end date and time for query
3	***BA***	Band number (e. g. ,0:400～800 MHz,1:800～1200 MHz)
4	***PA***	Polarization(0:Circular R,1:Circular L)

为了获得指定时间范围内符合指定数据类型的 MUSER 数据帧记录对应的文件名、时间戳、数据类型（波段和极化）、相对于文件起始位置的偏移量，需要从 MUSER 负数据库系统的底层数据库中取出查询时间对应的两种 Key-Value。然后，依据 Key-Value 及推导规则，推导出相应文件中所有元数据信息的记录集合。最后，根据查询条件过滤出检索结果。

NDBRedis 的数据检索算法 derive_retrieve_locate_filter_records_for_redis 的伪代码如图 5.7 所示。同时，由于 NDBMySQL 中数据检索功能与 NDBRedis 类似，因此，这里就不再赘述。

```
Algorithm 5.3: derive_retrieve_locate_filter_records_for_redis(qs,qe,BA,PA)
Input:
    qs indicating the start date and time for query
    qe indicating the end date and time for query
    BA indicating the array of band number
    PA indicating the array of polarization
```

Output：

TRD indicating one two-dimensional array for MUSER data frame record satisfied the search condition

1 get the number of band in **BA** and assign it to **BA_length**

2 get the number of polarization **PA** and assign it to **PA_length**

3 create query data type array **QC** with **BA** and **PA**

4 **QC_length** (the number of element in **QC**) equals **BA_length* PA_length**

5 create the two-dimensional array **TRD** holding the results of satisfying the query condition with **QC**

6 get ordered Value1 array **ordered_Value1** with **qs** and **qe** using the algorithm **derive_key_value**

7 obtain the number of Value1 in **ordered_Value1** and assign it to **value1_num**

8 **value1_end = value1_num – 1**

9 for **i**=0 to **value1_end** do

10 split **ordered_Value1[i]** into **filename,c(1),t(1),t(19200),c1c2···cT**

11 assgin **t(1)** to **Key2**

12 get **Value2** corresponding to **Key2** from the underlying database used by the negative database of MUSER and assign it to **value2**

13 get the parameters (**SA,RA,OA,size**) used by the algorithm **convert_start_query_index_to_file_index** and **convert_end_query_index_to_file_index** with **t(1)** using the algorithm **construct_parameters_for_conversion**

14 get the start valid index **ss** corresponding to **filename** with **SA,RA,OA,size ,qs** using the algorithm **convert_start_query_index_to_file_index**

15 get the start valid index **se** corresponding to **filename** with **SA,RA,OA,size ,qe** using the algorithm **convert_end_query_index_to_file_index**

16 get the two-dimensional array **TRB** holding the partial results of satisfying the query condition with **filename,c(1),t(1),c1c2···cT,value2,ss,se,QC**

17 for **j** = 1 to **QC_length** do

18 get the **jth** data type in **QC** and assign it to **data_type**

19 append **TRB[data_type]** to **TRD[data_type]**

20 return **TRD**

图 5.7 derive_retrieve_locate_filter_records_for_redis 算法的伪代码

5.3 3种系统的部署

MUSER 的总体系统由观测站数据采集系统、观测站数据中心、区域数据中心三部分构成，如图 5.8 所示。MUSER 的这三部分之间及数据中心内部各子系统之间，都是通过万兆网络进行连接的。MUSER 负数据库系统（ND-

BRedis 和 NDBMySQL)部署在 MUSER 总体系统中标注 NDBMS/DBMS 的服务器上，如图 5.8 所示。同时，MUSER 的总体系统中还展示了基于高效消息传输模型实现的高效数据传输系统(ASM-None)和基于低冗余归档模型实现的低冗余归档系统(ASM-VRS)的部署情况，如图 5.8 所示。

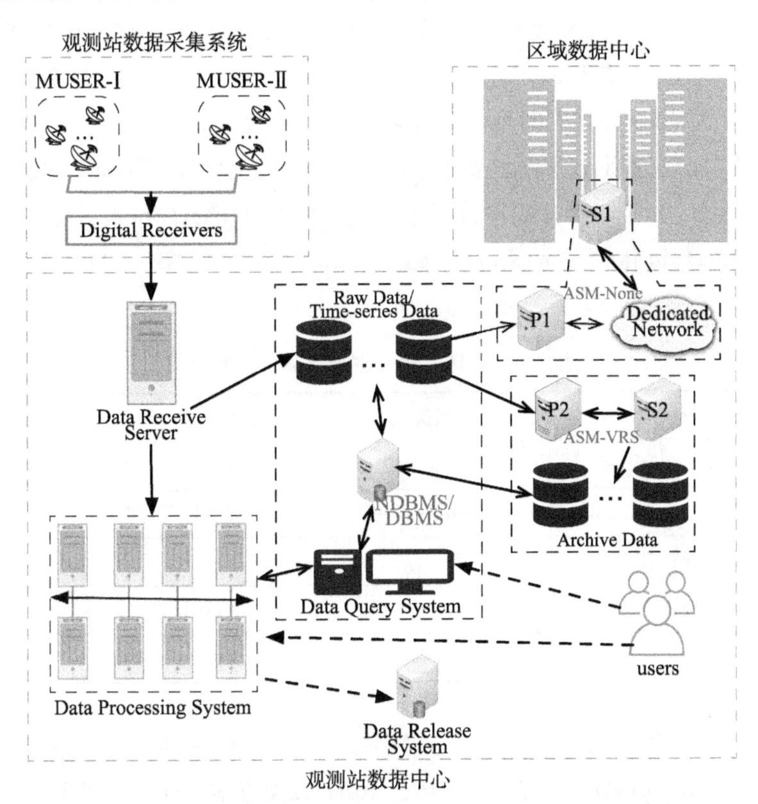

图 5.8　负数据库系统、高效数据传输系统及低冗余归档系统在 MUSER 总体系统中的部署

从第三章和第四章的性能测试结果可知，ASM-None 和 ASM-VRS 的平均传输与归档速度基本上能够达到万兆网络的实测带宽(1171.5 MB/s)。同时，从 MUSER 的简介可知每 3.125 毫秒产生一个 MUSER-Ⅰ 数据帧(100 000 B)和一个 MUSER-Ⅱ 数据帧(204 800 B)，通过计算可知 MUSER 以大约 93.02 MB/s 的速度产生数据帧。因此，针对 SKA 这类大型射电望远镜需求设计与实现的 ASM-None 和 ASM-VRS 完全能够满足 MUSER 对数据传输系统及低冗余归档系统的需求。

5.4 MUSER 负数据库的性能测试

为了测试 MUSER 负数据库系统的记录入库(记录的构造与存储性能)和数据检索性能,使用 MySQL 设计和实现了能够从存储所有文件数据帧中抽取出来的观测时间(时间戳)、文件名、极化、波段和偏移量这些元数据信息的常用数据管理系统,将该数据管理系统简记为 RDBMSMySQL。RDBMSMySQL 中存储所有文件数据帧中观测时间(Observation_time)、文件名(File_name)、极化(Polarization)、波段(Band)、偏移量(Offset)这 5 种元数据信息的数据表,如表 5.7 所示。

表 5.7 存储 5 种元数据信息的数据表

字段名	数据类型	是否非空	是否主键
Observation_time	bigint(64)	No	Yes
File_name	varchar(100)	Yes	No
Polarization	bit(1)	Yes	No
Band	tinyint(8)	Yes	No
Offset	int(11)	Yes	No

MUSER 总体系统中标注为 NDBMS/DBMS 的服务器的硬件环境为:Intel 24 核 Xeon(R) E5-2620 V2 @2.10 GHz 处理器、64 GB DDR3 内存、希捷 3 TB、SATA 3.0、7200 转硬盘;软件环境为:CentOS 6.8、MySQL 5.7.16、Redis 4.0.0、Python 2.7.13。实验测试数据为:MUSER-Ⅰ在 2016 年 3 月 11 日进行将近 6.7 小时的常规观测产生的 402 个文件,且其中只有 20 个文件中存在随机丢帧。

5.4.1 记录入库性能

为了保证测试结果的有效性与准确性,对记录入库实验重复进行了 10 次,并将测试结果的平均值作为测试结果。测试后得到的记录入库的时间性能对比如图 5.9 所示。对于同样的 402 个文件:

(1)通过计算可知,NDBRedis、NDBMySQL、RDBMSMySQL 处理一个文件所需的平均时间分别为 1.01656 秒、1.01951 秒、20.20726 秒。同时可知,RDBMSMySQL 的记录入库速度比 NDBRedis 慢约 1887.823%,RDBMSMySQL 的记录入库速度比 NDBMySQL 慢约 1882.061%,NDBMySQL 的记录入库速度比 NDBRedis 慢约 0.291%。

(2)从图 5.9 展示的记录入库性能对比来看,3 种数据管理系统记录入库所需的时间与要处理的数据文件数呈线性关系;但是,随着需要归档数据文件的增多,RDBMSMySQL 的记录入库性能比 NDBMySQL 和 NDBRedis 恶化得快。

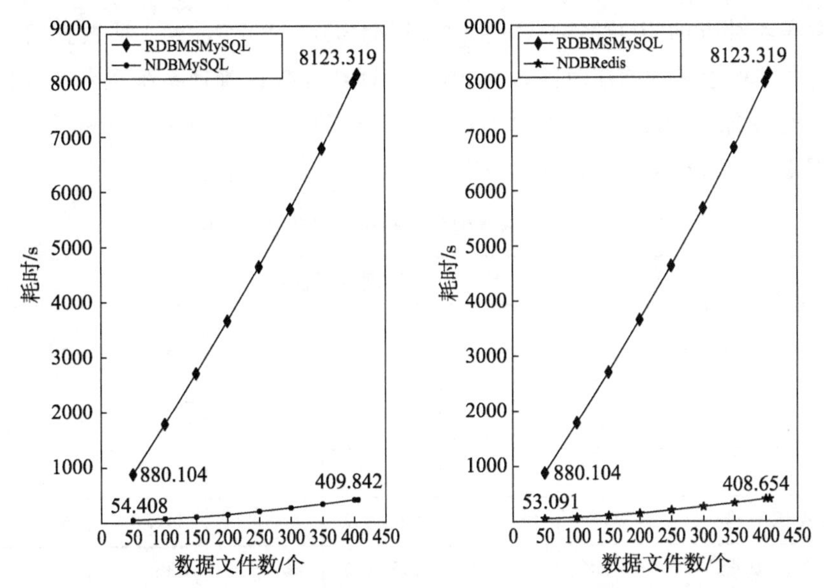

图 5.9　NDBRedis、NDBMySQL 与 RDBMSMySQL 的记录入库性能对比

RDBMSMySQL 的数据库中包含 7 718 400 个记录,这些记录占用了 832.1 MB 的存储空间。NDBRedis 和 RDBMySQL 的数据库中却只包含了 804 个记录(Key-Value),这些 Key-Value 占了将近 151.5 kB 的存储空间。RDBMSMySQL 占用的存储空间、记录数分别大约是 NDBRedis 和 NDBMySQL 的 5600 倍、9600 倍。

5.4.2 数据检索性能

天文学家通常需要将若干连续数据帧中的可见度数据进行积分，进而提高图像的信噪比。我们测试了从这3种数据管理系统中分别检索1、8、80、160、320、640个连续数据帧的响应时间，这6种连续数据帧的检索基本上能够满足天文学家对MUSER-I数据帧的检索需求。

为了保证数据检索响应时间的精确性与有效性，对每种数据检索操作重复进行100万次并记录下相应操作的平均响应时间。表5.8不仅给出了6种检索需求对应的RDBMSMySQL、NDBMySQL、NDBRedis 3种数据管理系统的数据检索平均响应时间，而且给出了这3种数据管理系统在各个相同需求下的性能对比。表5.8中的A、B、C分别表示RDBMSMySQL、NDB-MySQL和NDBRedis，其中平均响应时间的单位为毫秒。

表5.8 数据检索平均响应时间及性能对比

数据管理系统	连续数据帧数/个					
	1	8	80	160	320	640
A/ms	4.726	4.922	6.926	9.152	13.605	22.511
B/ms	1.884	1.912	2.184	2.492	3.102	4.323
C/ms	1.367	1.384	1.552	1.738	2.110	2.853
A比C慢	245.7%	255.6%	346.3%	426.6%	544.8%	689.0%
A比B慢	150.8%	157.4%	217.1%	267.3%	338.6%	420.7%
B比C慢	37.8%	38.2%	40.7%	43.4%	47.0%	51.5%

最终得到的数据检索平均响应时间性能对比如图5.10所示。图5.10和表5.8同时表明：①随着检索数据帧数目的增加，RDBMSMySQL、NDB-MySQL及NDBRedis的数据检索性能都在恶化；②在这3种数据管理系统中，RDBMSMySQL的数据检索性能恶化的速度最快、NDBMySQL的数据检索性能恶化的速度居中、NDBRedis的数据检索性能恶化的速度最慢。

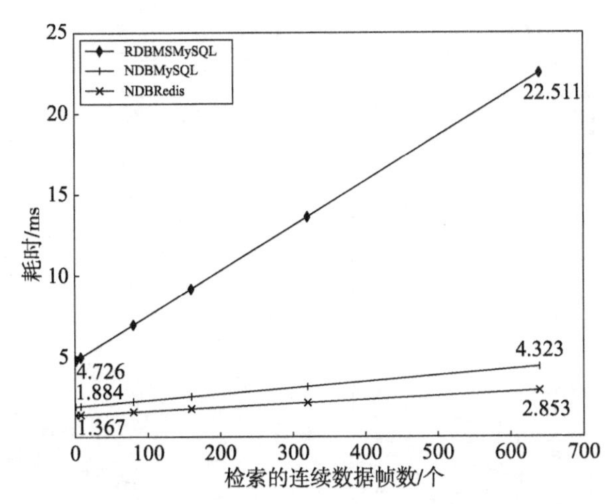

图 5.10　NDBRedis、NDBMySQL 与 RDBMSMySQL 的数据检索平均响应时间性能对比

5.4.3　丢帧率对检索性能的影响

负数据库的检索性能严重依赖文件的丢帧率，高丢帧率会降低检索性能。本小节设计了 5 组实验来测试不同丢帧率对检索性能的影响。这 5 组实验中使用的模拟数据文件对应的丢帧率分别为 0.25%、0.50%、1.00%、3.00%和 5.00%，且这 5 组实验中使用的模拟数据文件数都为 402。丢帧率是指丢帧位置数除以 19 200 得到的数值。每处丢帧位置都存在 2 个数据帧丢失。

同样，为了保证数据检索响应时间的精确性与有效性，对每种数据检索操作重复进行 100 万次并记录下相应操作的平均响应时间。测试后得到的 5 组不同丢帧率对应的检索性能对比如图 5.11 所示。从图 5.11 可知：①对于丢帧率为 0.25%和 0.50%的模拟数据来说，数据检索的平均响应时间是观测数据的 1～2 倍；②但是，对于丢帧率为 1%、3%、5%的模拟数据来说，数据检索的平均响应时间是观测数据的 4～10 倍；③底层数据库使用 Redis 的负数据库系统的检索性能比底层数据库使用 MySQL 的负数据库系统稍微好点。

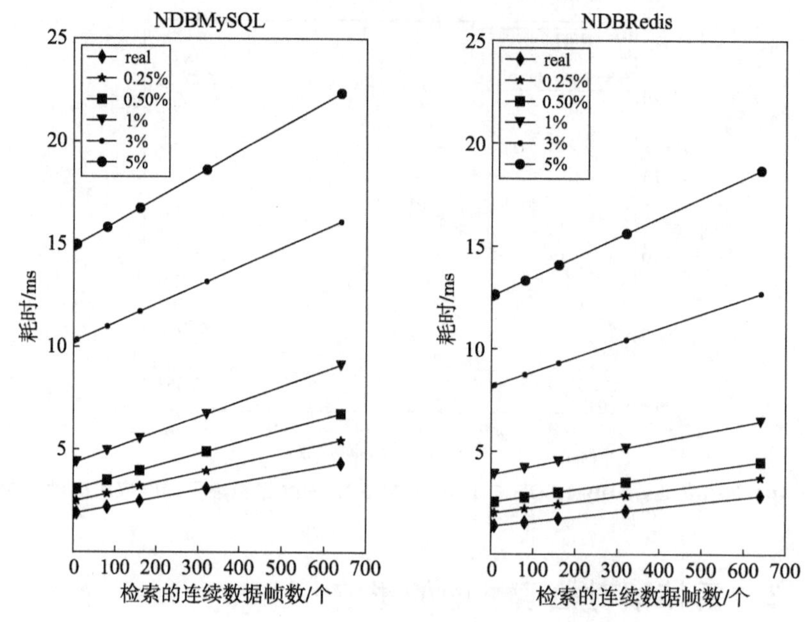

图 5.11　5 组不同丢帧率对应的检索性能对比

5.5　分析与讨论

本节主要讨论基于负数据库模型设计与实现的 MUSER 负数据库系统(NDBRedis 和 NDBMySQL)的性能，进而达到分析和验证负数据库性能的目的。MUSER 负数据库系统性能测试结果表明，基于负数据库模型实现的数据管理系统不仅能够大幅减少存储入库记录所占的存储空间和所需存储的记录数，而且能获得较好的数据检索性能。

1. 记录入库性能

虽然 MUSER 负数据库系统存储同样多文件中元数据信息所需的记录数比 RDBMSMySQL 所需的记录数减少约 99.98958%，但是 MUSER 负数据库系统的记录入库性能只比 RDBMSMySQL 快将近 18.8 倍(图 5.9)。

MUSER 负数据库系统的记录入库性能由待处理文件中存在丢帧的文件数来决定。MUSER 负数据库系统在处理存在丢帧的文件时，需要解析(遍历)整个文件，MUSER 负数据库系统处理一个存在丢帧的文件平均需要耗费 20.14 秒。换句话说，如果所有的待处理文件中都存在数据帧丢失，那么

MUSER 负数据库系统在处理文件时不仅要遍历文件，还要计算相邻的两个数据帧之间是否存在丢帧及累计丢帧数，这将会使 MUSER 负数据库系统的记录入库性能比 RDBMSMySQL 差或性能相当。

2. 数据检索性能

在检索相同数量的数据帧时，MUSER 负数据库系统的数据检索性能比 RDBMSMySQL 快将近 1.5～6.9 倍(表 5.8)。

MUSER 负数据库系统的检索所耗费的时间主要包括根据查询时间推导相应 Key1 所需的时间、检索对应 key-value 记录的时间、通过检索到的 key-value 推导出所需信息的计算时间及过滤时间。尽管 MUSER 负数据库系统从检索出 key-value 到推导出最终的记录是一个复杂且耗时的过程，但是 MUSER 负数据库系统检索出同样所需信息记录的响应时间依然比 RDBMSMySQL 快 1.5～6.9 倍(表 5.8、图 5.10)。同时，随着检索数据帧的增加，MUSER 负数据库系统检索性能的恶化速度远远低于 RDBMSMySQL(图 5.10)。

3. 丢帧率对性能的影响

MUSER 的实际丢帧率远远低于 0.25%且存在丢帧的数据文件也不会达到 100%。然而，我们注意到丢帧率是影响 MUSER 负数据库系统性能的一个重要因素。因此，为了测试 MUSER 负数据库系统在极端环境(待处理的文件都存在丢帧)下的数据检索性能，使用 5 组不同丢帧率的模拟数据文件进行性能测试。测试结果表明，MUSER 负数据库系统检索性能的下降基本上与丢帧率成正比(图 5.11)。丢帧率升高造成检索性能下降的原因是随着丢帧率的增加需要有更多的记录插入补集，这就导致推导出最终的记录需要耗费更多的时间。当数据丢帧率达到 5%时，MUSER 负数据库系统的检索性能恶化到比 RDBMSMySQL 的性能还差。

4. 底层数据库

为了降低以 MUSER 为案例研究和验证负数据库性能的难度，使用基于内存的 key-value 数据库 Redis 和关系型数据库管理系统 MySQL 来存储负数据库系统的数据记录，进而规避设计与开发符合负数据库记录结构的底层数据库带来的困难。从 MUSER 负数据库系统的性能测试结果可知：①负数据库数据管理模型能够使用多种现成的底层数据库作为其存储记录的底层数据库；②使用基于内存的 key-value 数据库 Redis 实现的 MUSER 负数据库系统的性能优于基于关系型数据库 MySQL 实现的 MUSER 负数据库系统的性能；③基于内存的 key-value 数据库 Redis 中提供的数据结构类型更符合负数据库的记录结构。因此，建议使用 Redis 这类 key-value 数据库作为负数据库的底层数据库。

5.6 本章小结

为了验证负数据库能够高效管理以 MUSER 为例的大型射电望远镜观测产生的海量射电天文观测数据，以及实现的高效数据传输系统和低冗余归档系统能够胜任 MUSER 的数据传输与归档需求，本章重点讨论了如下内容。

第一，在基本介绍 MUSER 的基础上，基于负数据库模型的思路设计与实现了 MUSER 负数据库系统（NDBRedis 和 NDBMySQL）。对 MUSER 负数据库系统的记录入库性能（记录的构造与存储性能）和数据检索性能进行测试，测试结果表明：①在记录入库、需要入库的记录数、存储入库记录所占存储空间及数据检索方面，MUSER 负数据库系统比常用数据管理系统分别快将近 18.8 倍、降低将近 9600 倍（约 4 个数量级）、降低将近 5600 倍（约 4 个数量级）和快将近 1.5～6.9 倍，即从工程应用上验证了基于负数据库模型实现的处理时序数据的数据管理系统不仅能够大幅降低存储开销和记录数，而且可以提供较高的数据检索性能；②负数据库支持多种底层数据库，且 key-value 数据库（如 Redis）相对于传统的关系型数据库（如 MySQL）更适合作为负数据库系统的底层数据库。

第二，将基于第三章提出的高效消息传输模型实现的高效数据传输系统（ASM-None）及基于第四章提出的低冗余归档模型实现的低冗余归档系统（ASM-VRS）在 MUSER 总体系统中进行部署，并简要分析证明 ASM-None 和 ASM-VRS 能够完全胜任 MUSER 的数据传输与归档需求。

综上所述，本书在第二章、第三章及第四章获得的有关数据检索、传输及归档三方面的研究成果能够被应用到实践中。同时，本章中涉及的如何基于负数据库模型思想设计与实现 MUSER 负数据库系统来达到对 MUSER 产生的射电天文观测数据的高效管理，将会为射电天文应用领域中其他有类似管理需求的大型望远镜项目和其他应用领域中有类似管理需求的项目提供有价值的参考。

第六章　结论与展望

6.1　研究结论

本书以信息管理与信息系统为基础，采用理论研究与实证研究相结合、定性研究与定量研究相结合的方法，以海量射电天文观测数据在大数据时代面临的跨区域高速传输、低冗余归档及高效存储与检索三方面的关键问题为研究对象，重点开展信息管理与信息系统中信息管理在大数据时代面临的存储与检索、传输、归档三方面挑战中的关键技术研究。通过研究，取得了如下主要研究成果和结论。

(1)在数据存储与检索方面，为了提高海量射电天文观测数据记录的存储与检索性能，提出了以集合中的补集思想为核心的面向时序数据的负数据库系统。

首先，针对海量射电天文观测数据记录的高效存储与检索需求，基于科学数据采集设备产生的观测数据具有固定的采样间隔、固定数量的观测数据记录按时间顺序存放在文件中的时序数据特征，提出了以集合中的补集思想为核心的面向时序数据的负数据库系统。负数据库系统将时序数据文件中存在记录及在首尾记录之间丢失记录的元数据信息视为全集，把文件中首尾记录之间丢失记录的元数据信息看成补集，通过补集构建出来的文件逻辑结构关系(负数据库两种形式的 Key-Value 记录)能够推导出文件中存在记录的元数据信息。

其次，本书给出了负数据库系统完整的形式化定义及严格的理论证明。从理论上证明了负数据库系统相对于常用数据管理方法在处理时序数据时能够具有更少的要入库的记录数及更低的记录入库时间复杂度和数据检索时间复杂度，即负数据库系统需要入库的记录数是常用数据管理方法的$\frac{2}{N}$倍；负数据库系统的记录入库时间复杂度处于 $O(M)$ 和 $O(MN)$ 之间，然而常用数据管理方法的记录入库时间复杂度为 $O(MN)$；负数据库系统的数据检索时间复杂度处于 $O(M)$ 和 $O(M+\log_2 N)$ 之间，然而常用数据管理方法的数据检索时间复杂度为 $O(MN)$，其中，N 为文件中固定的观测数据记录数，M 为要处理的观测数据文件数。也就是说，在使用相同的记录数存储时序数据中的元数据信息时，负数据库系统存储的信息量比常用数据管理方法提高了 $\frac{N}{2}$ 倍，同时记录入库性能和数据检索性能优于常用数据管理方法，这意味着可以使现有数据库系统在应对时序数据时的信息存储能力有望提高 $\frac{N}{2}$ 倍，能满足信息管理为大数据时代中的时序数据提供高效存储与检索的需求。

最后，负数据库系统在 MUSER 中的应用案例研究表明：①在记录入库（记录的构造与存储）、数据检索、要入库的记录数及要入库的记录所占用的存储开销方面，MUSER 负数据库系统比存储所有元数据信息的常用数据管理系统分别快将近 18.8 倍、快 1.5～6.9 倍、减少约 99.989 58%和节省约 99.9822%，即从实践上证明负数据库系统相对于常用数据管理方法在处理时序数据时不仅能够大幅降低存储开销和记录数，而且能提供较高的检索性能；②负数据库系统支持多种底层数据库，但 Key-Value 数据库更适合作为负数据库系统的底层数据库。

总体来看，从理论上和实践上验证了本书所提出的面向时序数据的负数据库系统能够高效管理具有固定采样间隔和若干连续时序数据记录按序存放在文件中的这类时序数据。同时，本书提出的负数据库系统除了能够高效管理天文领域中具有这类特征的时序数据，也能够高效管理其他领域中具有该类特征的时序数据。

(2)在数据传输方面，为了提高海量射电天文观测数据的跨区域传输速度，提出了带状态检测和重传功能的两路异步消息传输模型。

首先，针对海量射电天文观测数据在数据共享/异地归档中的高速传输需求，在分析天文领域中被广泛应用的下一代归档存储系统（NGAS）的基础上，分析出现有系统使用带重传的同步消息传输模型（出错重传方法）来实现数据的同步传输。出错重传方法虽然能够保证发送方发送的消息能够按序到达接收方，但是其存在发送方需要等待对端反馈信息而降低数据传输效率的缺点。针对该缺点，提出了能够克服该缺点的带状态检测和重传功能的两路异步消息传输模型——高效消息传输模型，且从理论上证明了提出的高效消息传输模型与出错重传方法相比具有更高的数据消息传输效率。

其次，基于提出的高效消息传输模型，设计与实现了一套高效数据传输系统。其性能测试结果表明：①在文件为数百千字节和数百兆字节这个量级时，该系统获得的传输速度是天文领域中现有系统的将近 40 倍和 3.4 倍，即从实践上证明了提出的高效消息传输模型与出错重传方法相比具有更高的数据消息传输效率；②在文件为数百兆字节这个量级时，改变文件的大小基本上不会影响该系统的传输速度；③HWM 和并发数可以作为该系统性能调优时的两个关键因素；④当文件为数百兆字节这个量级和并发数为 4 时，该系统的传输速度能够达到 1172 MB/s 左右，基本上使万兆网络带宽达到满负载（万兆网络带宽的实测带宽为 1171.5 MB/s）。

综上所述，从理论上和实践上证明了本书提出的高效消息传输模型与出错重传方法相比具有更高的数据消息传输效率，且从实践上证明了基于提出的高效消息传输模型实现的高效数据传输系统与现有系统相比具有更高的数据传输速度。同时，本书提出的高效消息传输模型和实现的高效数据传输系统，不仅对射电天文观测数据有效，而且对其他任何数据类型的数据都有效；本书提出的高效消息传输模型除了能够适用于天文领域，还可以被广泛应用于其他有类似数据传输需求的领域。

(3)在数据归档方面，为了给接收到的海量射电天文观测数据进行高可靠性归档时尽可能降低数据冗余，提出了基于纠删码的归档模型。

首先，针对海量射电天文观测数据的低冗余归档需求，在分析天文领域中常用数据归档子系统功能及调研副本技术和纠删码技术这两类常用于为数据存储系统提供可靠性的数据冗余技术的基础上，提出了基于纠删码的归档模型——低冗余归档模型，即将能够提高数据可靠性又不会增加太多额外存储开销的纠删码技术集成到本书提出的高效消息传输模型中的消息接收方而形成的归档模型。从理论上证明了低冗余归档模型与现有系统所用的基于副本技术的归档方案相比具有更低的数据冗余度。

其次，基于提出的低冗余归档模型，设计与实现了一套低冗余归档系统。其性能测试结果表明：①在文件为数百兆字节这个量级时，当性能优化的关键影响因素（HWM 和并发数）的值不变时，改变文件的大小基本上不会改变该系统的归档速度；②在相同的实验条件下，该系统获得的异地归档速度是现有系统未启用 3 副本策略时的 1.4 倍，此时的平均异地归档速度能够达到

1392.42 MB/s，且只需要增加50%的额外存储开销就能达到基于3副本策略模型需要200%的额外存储开销才能达到的数据容错能力，即从实践上不仅证明了提出的低冗余归档模型与现有系统所用的基于副本技术的归档方案相比具有更低的数据冗余度，而且证明了该系统与现有系统相比具有更低的数据冗余度和更高的数据归档速度。

整体来看，从理论上和实践上证明了本书提出的低冗余归档模型与现有系统中使用的基于副本技术的归档模型相比具有更低的数据冗余度。同时，本书提出的低冗余归档模型和实现的低冗余归档系统不仅能够对射电天文观测数据进行低冗余高可靠性归档，而且对天文领域中其他任何数据类型的数据都适用；本书提出的低冗余归档模型除了适用于天文领域外，还可以被广泛应用于其他任何有类似归档需求的领域。

系统归纳，利用海量射电天文观测数据在海量数据管理中面临的跨区域高速传输、低冗余归档及高效存储与检索这3个问题，开展大数据时代中的数据管理在存储与检索、传输、归档这3个方面的关键技术研究。获得的研究成果不仅能够部分解决天文学在大数据时代面临的海量数据管理中的上述3个关键问题，进而在一定程度上提升整个天文海量数据管理的总体功能，而且有望部分解决信息管理与信息系统在大数据时代面临的海量数据高速传输、低冗余归档及高性能检索这3个方面的挑战。研究具有一定前瞻性，对丰富信息管理与信息系统中的信息管理理论和实践具有一定意义。同时，研究成果也为有类似数据管理需求的应用领域提供了参考。

6.2 不足与展望

通过研究和解决海量射电天文观测数据面临的跨区域高速传输和低冗余归档这两个问题，提出两种可行的模型/方法，并基于模型/方法设计与实现了可以运行的系统，但这些模型/方法/系统仍需要进一步改进和优化。今后研究工作的开展方向如下：

本书所提出/实现的高效消息传输模型/系统及低冗余归档模型/系统，是基于SKA这类大型射电望远镜的应用需求设计与实现的。虽然在万兆网络环境下，基于高效消息传输模型和低冗余归档模型这两种模型设计与实现的高效数据传输系统（ASM-None）和低冗余归档系统（ASM-VRS）能够完全满足 MUSER 对数据传输与归档的需求，但是，目前 SKA 这类大型射电望远镜还处于设计或建造阶段。因此，在未来 SKA 这类大型射电望远镜产生真实海量观测数据时，再对系统 ASM-None 和 ASM-VRS 能否满足 SKA 这类大型射电望远镜的性能需求进行案例实证研究。

同时，在未来的工作中，将使用需要更少计算资源和更低额外存储开销的纠删码算法来优化基于纠删码的归档模型和系统。

参考文献

[1] GORRY G A,SCOTT MORTON M S. A framework for management information systems[J]. Sloan management review,1971,30(3):49-61.

[2] LAUDON K C,LAUDON J P. Management information systems[M]. London:Prentice Hall PTR,1999:1-20.

[3] LAUDON K C,LAUDON J P. Management information systems:new approaches to organization and technology[M]. London:Prentice Hall PTR,1998:5-26.

[4] TURBAN E. Information technology for management[M]. New York:John Wiley & Sons,Inc. ,2008:1-27.

[5] 刘翔. 信息管理与信息系统[M]. 北京:清华大学出版社,2013:1-27.

[6] BARD J B,RHEE S Y. Ontologies in biology:design,applications and future challenges[J]. Nature reviews genetics,2004,5(3):213-222.

[7] TAKAHASHI T,VANDENBRINK D. Formative knowledge:from knowledge dichotomy to knowledge geography—knowledge management transformed by the ubiquitous information society[J]. Journal of knowledge management,2004,8(1):64-76.

[8] BATES D W,COHEN M,LEAPE L L,et al. Reducing the frequency of errors in medicine using information technology[J]. Journal of the American medical informatics association,2001,8(4):299-308.

[9] LAUDON K C,LAUDON J P. Management information systems:managing the digital firm plus MyMISLab with pearson eText—access card package[M]. London:Prentice Hall Press,2015:1-22.

[10] MELVILLE N,KRAEMER K,GURBAXANI V. Review:information technology and organizational performance:an integrative model of IT business value[J]. MIS quarterly,2004,28(2):283-322.

[11] 余明. 简明天文学教程[M]. 北京:科学出版社,2001:15-16.

[12] THOMPSON A R,MORAN J M,SWENSON G W. Interferometry and synthesis in radio astronomy[M]. Switzerland:Springer,Cham,1986:1-50.

[13] BELL G,HEY T,SZALAY A. Beyond the data deluge[J]. Science,2009,323(5919):1297-1298.

[14] ZHANG Y,ZHAO Y. Astronomy in the big data era[J]. Data science journal,2015,14(11):1-9.

[15] FEIGELSON E D,BABU G J. Big data in astronomy[J]. Significance,2012,9(4):22-25.

[16] JONES D L,WAGSTAFF K,THOMPSON D R,et al. Big data challenges for large radio arrays[C]. 2012 IEEE Aerospace Conference,2012:1-6.

[17] 张彦霞,崔辰州,赵永恒. 21 世纪天文学面临的大数据和研究范式转型[J]. 大数据,2016,2:65-74.

[18] HEY A J,TANSLEY S,TOLLE K M. The fourth paradigm:data-intensive scientific discovery[M]. WA:Microsoft Research Redmond,2009:39-45.

[19] SZALAY A. Science in an exponential world[J]. Nature,2007,440(440):413-414.

[20] SCHALLER R R. Moore's law:past,present and future[J]. IEEE spectrum,1997,34(6):52-59.

[21] 崔辰州,于策,肖健,等. 大数据时代的天文学研究[J]. 科学通报,2015,60:445-449.

[22] 张彦霞,赵永恒. 信息时代的天文学 [J]. 物理,2017,46:606-615.

[23] NAN R,LI D,JIN C,et al. The Five-hundred-meter Aperture Spherical Radio Telescope (FAST) project[J]. International journal of modern physics D,2011,20(6):989-1024.

[24] SHI C,WANG F,DENG H,et al. High-performance negative database for massive data management system of the mingantu spectral radioheliograph[J]. Publications of the astronomical society of the pacific,2017,129(978):084501.

[25] 田海俊,徐洋,陈学雷,等. 射电干涉阵 GPU 相关器的研究初探[J]. 天文研究与技术,2014,11:209-217.

[26] DEWDNEY P E,HALL P J,SCHILIZZI R T,et al. The square kilometre array[J]. Proceedings of the institute of electrical and electronics engineers IEEE,2009,97(8):1482-1496.

[27] SZALAY A,GRAY J. Science in an exponential world[J]. Nature,2006,440(7083):413-414.

[28] 宋学清,刘雨. 大数据:信息技术与信息管理的一次变革[J]. 情报科学,2014,32:14-17.

[29] 朱静薇,李红艳. 大数据时代下图书馆的挑战及其应对策略[J]. 现代情报,2013,33:9-13.

[30] 周耀林,黄川川. 大数据时代信息管理学科人才培养模式改革研究[J]. 中国高教研究,2017(10):107-110.

[31] 洪亮,李雪思,周莉娜. 领域跨越:数据挖掘的应用和发展趋势[J]. 图书情报知识,

2017(4):22-32.
[32] CHEN J,CHEN Y,DU X,et al. Big data challenge:a data management perspective [J]. Frontiers of computer science,2013,7(2):157-164.
[33] GEORGE G,HAAS M R,PENTLAND A. Big data and management[J]. Academy of management journal,2014,57(2):321-326.
[34] MCAFEE A,BRYNJOLFSSON E,DAVENPORT T H,et al. Big data:the management revolution[J]. Harvard business review,2012,90(10):60-68.
[35] 张海龙,裴鑫,聂俊,等. 110 米射电望远镜项目信息技术挑战[J]. 科研信息化技术与应用,2018,9:40-48.
[36] AN T. Science opportunities and challenges associated with SKA big data[J]. Science china(physics,mechanics & astronomy),2019,62(8):125-130.
[37] MENG Z,WU Z,MUVIANTO C,et al. A data-oriented M2M messaging mechanism for industrial IoT applications[J]. IEEE internet of things journal, 2016, 4(1): 236-246.
[38] SIRJANI M,DE BOER F,MOVAGHAR A,et al. Extended rebeca:a component-based actor language with synchronous message passing[C]. Fifth International Conference on Application of Concurrency to System Design (ACSD'05),2005:212-221.
[39] RAMESH S,PERROS H G. A multilayer client-server queueing network model with synchronous and asynchronous messages[J]. IEEE transactions on software engineering,2000,26(11):1086-1100.
[40] WU C,WICENEC A,PALLOT D,et al. Optimising NGAS for the MWA archive [J]. Experimental astronomy,2013,36(3):679-694.
[41] STOEHR F,LACY M,LEON S,et al. The ALMA archive and its place in the astronomy of the future[C]. Observatory Operations:Strategies,Processes,and Systems V,2014:914902.
[42] RODRIGUES R,LISKOV B. High availability in DHTs:Erasure coding vs. replication[C]. International Workshop on Peer-to-Peer Systems,2005:226-239.
[43] LI R,HU Y,LEE P P. Enabling efficient and reliable transition from replication to erasure coding for clustered file systems[J]. IEEE transactions on parallel and distributed systems,2017,28(9):2500-2513.
[44] GRIMSTRUP A,MAHADEVAN V,EYMERE O,et al. A distributed data management system for data-intensive radio astronomy[C]. Software and Cyberinfrastructure for Astronomy II,2012:845115.
[45] 安涛,武向平,洪晓瑜,等. SKA 大数据的科学应用和挑战[J]. 中国科学院院刊,2018,33:871-876.

[46] LIU Y,WANG F,JI K,et al. NVST data archiving system based on fastBit NoSQL database[J]. Journal of the korean astronomical sosciety,2014,47(3):115-122.

[47] PAVLO A,CURINO C,ZDONIK S. Skew-aware automatic database partitioning in shared-nothing,parallel OLTP systems[C]. Proceedings of the 2012 ACM SIGMOD International Conference on Management of Data,2012:61-72.

[48] GHEMAWAT S,GOBIOFF H,LEUNG S-T. The Google file system[C]. Proceedings of the 19th ACM Symposium on Operating Systems Principles,2003:29-43.

[49] MCKUSICK M K,QUINLAN S. GFS:evolution on fast-forward[J]. Queue,2009,7(7):10-20.

[50] BEAVER D,KUMAR S,LI H C,et al. Finding a needle in haystack:Facebook's photo storage[C]. 9th USENIX Symposium on Operating Systems Design and Implementation,2010:47-60.

[51] SHVACHKO K,KUANG H,RADIA S,et al. The Hadoop distributed file System [C]. 2010 IEEE 26th Symposium on Mass Storage Systems and Technologies (MSST),2010:1-10.

[52] BORTHAKUR D. The Hadoop distributed file system:architecture and design[J]. Hadoop project website,2007,11(2007):3-14.

[53] LEHRIG S,SANDERS R,BRATAAS G,et al. CloudStore—towards scalability,elasticity,and efficiency benchmarking and analysis in cloud computing[J]. Future generation computer systems,2018,78:115-126.

[54] BREWER E. CAP twelve years later:how the "rules" have changed[J]. Computer, 2012,45(2):23-29.

[55] LOTFY A E,SALEH A I,EL-GHAREEB H A,et al. A middle layer solution to support ACID properties for NoSQL databases[J]. Journal of king saud university-computer information sciences,2016,28(1):133-145.

[56] CATTELL R. Scalable SQL and NoSQL data stores[J]. ACM SIGMOD record, 2011,39(4):12-27.

[57] CHANG F,DEAN J,GHEMAWAT S,et al. Bigtable:a distributed storage system for structured data[J]. ACM Transactions on Computer Systems (TOCS),2008,26(2):205-218.

[58] GEORGE L. HBase:the definitive guide:random access to your planet-size data[M]. California:O'Reilly Media,Inc. ,2011:1-29.

[59] VORA M N. Hadoop-HBase for large-scale data[C]. Proceedings of 2011 International Conference on Computer Science and Network Technology,2011:601-605.

[60] KHETRAPAL A,GANESH V. HBase and Hypertable for large scale distributed

storage systems [J]. Dept. of computer science, purdue university, 2006, 10 (1376616.1376726):1-8.

[61] ABRAMOVA V, BERNARDINO J. NoSQL databases: MongoDB vs Cassandra[C]. Proceedings of the International Conference on Computer Science and Software Engineering, 2013:14-22.

[62] DEAN J, GHEMAWAT S. MapReduce: simplified data processing on large clusters [J]. Communications of the ACM, 2008, 51(1):107-113.

[63] TATBUL N. Streaming data integration: challenges and opportunities[C]. 2010 IEEE 26th International Conference on Data Engineering Workshops (ICDEW 2010), 2010:155-158.

[64] WHITE T. Hadoop: the definitive guide[M]. California: O'Reilly Media, Inc., 2012: 1-16.

[65] SIDDIQUE K, AKHTAR Z, YOON E J, et al. Apache hama: an emerging bulk synchronous parallel computing framework for big data applications[J]. IEEE access, 2016, 4:8879-8887.

[66] GHAZI M R, GANGODKAR D. Hadoop, MapReduce and HDFS: a developers perspective[J]. Procedia computer science, 2015, 48:45-50.

[67] IQBAL M H, SOOMRO T R. Big data analysis: apache storm perspective[J]. International journal of computer trends and technology (IJCTT), 2015, 19(1):9-14.

[68] NOGHABI S A, PARAMASIVAM K, PAN Y, et al. Samza: stateful scalable stream processing at LinkedIn[J]. Proceedings of the VLDB endowment, 2017, 10(12):1634-1645.

[69] ZAHARIA M, XIN R S, WENDELL P, et al. Apache spark: a unified engine for big data processing[J]. Communications of the ACM, 2016, 59(11):56-65.

[70] CARBONE P, KATSIFODIMOS A, EWEN S, et al. Apache flink: stream and batch processing in a single engine[J]. Bulletin of the IEEE computer society technical committee on data engineering, 2015, 36(4):28-38.

[71] CURRY E. Message-oriented middleware[M]. Cambridge: O'Reilly Media, Inc., 2004:1-28.

[72] 徐晶,许炜. 消息中间件综述 [J]. 计算机工程,2005,31(16):73-76.

[73] HINTJENS P. ZeroMQ: messaging for many applications[M]. California: O'Reilly Media, Inc., 2013:31-80.

[74] ROSTANSKI M, GROCHLA K, SEMAN A. Evaluation of highly available and fault-tolerant middleware clustered architectures using RabbitMQ[C]. 2014 Federated Conference on Computer Science and Information Systems, 2014:879-884.

[75] YUE M,RUIYANG Y,JIANWEI S,et al. A MQTT protocol message push server based on RocketMQ[C]. 2017 10th International Conference on Intelligent Computation Technology and Automation (ICICTA),2017:295-298.

[76] SNYDER B,BOSANAC D,DAVIES R. Introduction to apache active MQ[J]. Active MQ in action,2017(2):6-16.

[77] KREPS J,NARKHEDE N,RAO J. Kafka:a distributed messaging system for log processing[C]. Proceedings of the NetDB,2011:1-7.

[78] ALLCOCK W,BRESNAHAN J,KETTIMUTHU R,et al. The globus striped GridFTP framework and server[C]. Proceedings of the 2005 ACM/IEEE Conference on Supercomputing,2005:54-64.

[79] YAMANAKA K,URUSHIDANI S,NAKANISHI H,et al. A TCP/IP-based constant-bit-rate file transfer protocol and its extension to multipoint data delivery[J]. Fusion engineering and design,2014,89(5):770-774.

[80] YAMANAKA K,NAKANISHI H,OZEKI T,et al. High-performance data transfer for full data replication between iter and the remote experimentation centre[J]. Fusion engineering and design,2019,138:202-209.

[81] MARX V. The big challenges of big data[J]. Nature,2013,498:255-260.

[82] KALIA A,KAMINSKY M,ANDERSEN D G. Using RDMA efficiently for key-value services[J]. ACM SIGCOMM computer communication review, 2015, 44 (4): 295-306.

[83] PFISTER G F. An introduction to the infiniband architecture[J]. High performance mass storage parallel I/O,2001,42:617-632.

[84] TIERNEY B,KISSEL E,SWANY M,et al. Efficient data transfer protocols for big data[C]. 2012 IEEE 8th International Conference on E-Science,2012:1-9.

[85] DEOROWICZ S,GRABOWSKI S. Compression of DNA sequence reads in FASTQ format[J]. Bioinformatics,2011,27(6):860-862.

[86] LANGILLE M G,EISEN J A. BioTorrents:a file sharing service for scientific data [J]. PLoS one,2010,5(4):e10071.

[87] WICENEC A,KNUDSTRUP J,JOHNSTON S. ESO's next generation archive system[J]. The messenger,2001,106:11-13.

[88] 郭绍光,郑小盈,毛羽丰,等. SKA 海量数据传输的方案及展望[J]. 科研信息化技术与应用,2018,9:3-13.

[89] WICENEC A,CHEN A,CHECCUCCI A,et al. The ALMA front-end archive setup and performance[C]. Astronomical Data Analysis Software and Systems XIX,2010: 457-460.

[90] BAIRAVASUNDARAM L N,GOODSON G R,PASUPATHY S,et al. An analysis of latent sector errors in disk drives[C]. ACM SIGMETRICS Performance Evaluation Review,2007:289-300.

[91] WEATHERSPOON H, KUBIATOWICZ J D. Erasure coding VS. replication: a quantitative comparison[C]. International Workshop on Peer-to-Peer Systems,2002: 328-337.

[92] HUANG C,SIMITCI H,XU Y,et al. Erasure coding in windows azure storage[C]. Usenix Annual Technical Conference,2012:15-26.

[93] WEIL S A,BRANDT S A,MILLER E L,et al. Ceph: a scalable,high-performance distributed file system[C]. Proceedings of the 7th Symposium on Operating Systems Design and Implementation,2006:307-320.

[94] MITRA S,PANTA R,RA M-R, et al. Partial-Parallel-Repair (PPR): a distributed technique for repairing erasure coded storage[C]. Proceedings of the Eleventh European Conference on Computer Systems,2016:1-30.

[95] CASH S,JAIN V,JIANG L,et al. Managed infrastructure with IBM cloud OpenStack services[J]. IBM journal of research development,2016,60(2-3):1-6.

[96] REED I S,SOLOMON G. Polynomial codes over certain finite fields[J]. Journal of the society for industrial and applied mathematics,1960,8(2):300-304.

[97] PLANK J S. A tutorial on Reed-Solomon coding for fault-tolerance in RAID-like systems[J]. Software: practice and experience,1997,27(9):995-1012.

[98] PLANK J S,XU L. Optimizing cauchy Reed-Solomon codes for fault-tolerant network storage applications[C]. Fifth IEEE International Symposium on Network Computing and Applications (NCA'06),2006:173-180.

[99] CALDER B,WANG J,OGUS A,et al. Windows azure storage: a highly available cloud storage service with strong consistency[C]. Proceedings of the Twenty-Third ACM Symposium on Operating Systems Principles,2011:143-157.

[100] LI J,TANG X,PARAMPALLI U. A framework of constructions of minimal storage regenerating codes with the optimal access/update property[J]. IEEE transactions on information theory,2015,61(4):1920-1932.

[101] SATHIAMOORTHY M,ASTERIS M,PAPAILIOPOULOS D,et al. XORing elephants: novel erasure codes for big data[C]. Proceedings of the VLDB Endowment, 2013:325-336.

[102] KULKARNI B,BHOSALE V. Efficient storage utilization using erasure codes in OpenStack cloud[C]. 2016 International Conference on Inventive Computation Technologies (ICICT),2016:1-5.

[103] OVSIANNIKOV M,RUS S,REEVES D,et al. The quantcast file system[J]. Proceedings of the VLDB endowment,2013,6(11):1092-1101.

[104] 徐梅,黄超. 基于符号时间序列方法的金融收益分析与预测[J]. 中国管理科学,2011,19:1-9.

[105] PENG C K,HAVLIN S,STANLEY H E,et al. Quantification of scaling exponents and crossover phenomena in nonstationary heartbeat time series[J]. Chaos:an interdisciplinary journal of nonlinear science,1995,5(1):82-87.

[106] ZHAI Y,WANG J,TENG Y,et al. Water demand forecasting of Beijing using the time series forecasting method[J]. Journal of geographical sciences,2012,22(5):919-932.

[107] VAUGHAN S. Random time series in astronomy[J]. Philosophical transactions of the royal society A: mathematical, physical engineering sciences, 2013, 371 (1984):20110549.

[108] VIO R,DIAZ-TRIGO M,ANDREANI P. Irregular time series in astronomy and the use of the Lomb—Scargle periodogram[J]. Astronomy computing,2013,1:5-16.

[109] 李凯,曹阳. 基于 ARIMA 模型的网络安全威胁态势预测方法[J]. 计算机应用研究,2012,29:3042-3045.

[110] LARA O D,PÉREZ A J,LABRADOR M A,et al. Centinela:a human activity recognition system based on acceleration and vital sign data[J]. Pervasive and mobile computing,2012,8(5):717-729.

[111] 彭勃,金乘进,杜彪,等. 持续参与世界最大综合孔径望远镜 SKA 国际合作[J]. 中国科学:物理学　力学　天文学,2013,42:1292-1307.

[112] 严俊. 天文与天体物理研究现状及未来发展的战略思考[J]. 中国科学院院刊,2011,26:487-495.

[113] HALL P,SCHILLIZZI R,DEWDNEY P,et al. The Square Kilometer Array (SKA) radio telescope:progress and technical directions[J]. International union of radio science URSI,2008,236:4-19.

[114] BROEKEMA P C,VAN NIEUWPOORT R V,BAL H E. The Square Kilometre Array science data processor. Preliminary compute platform design[J]. Journal of instrumentation,2015,10(7):C07004.

[115] SHARIATMADARI H,IRAJI S,LI Z,et al. Optimized transmission and resource allocation strategies for ultra-reliable communications[C]. 2016 IEEE 27th Annual International Symposium on Personal, Indoor, and Mobile Radio Communications (PIMRC),2016:1-6.

[116] LIU Y,LIU A,LI Y,et al. APMD:a fast data transmission protocol with reliability

guarantee for pervasive sensing data communication[J]. Pervasive and mobile computing,2017,41:413-435.

[117] SAROLAHTI P,KOJO M,RAATIKAINEN K. F-RTO:an enhanced recovery algorithm for TCP retransmission timeouts[J]. Acm sigcomm computer communication review,2003,33(2):51-63.

[118] HAFNER J L. HoVer Erasure codes for disk arrays[C]. International Conference on Dependable Systems and Networks (DSN'06),2006:217-226.

[119] MACWILLIAMS F J,SLOANE N J A. The theory of error-correcting codes[M]. Netherlands:Elsevier,1977:317-328.

[120] 柳青. 分布式存储系统中数据快速修复的纠删码[D]. 武汉:华中科技大学,2017:5-6.

[121] YAN Y,ZHANG J,WANG W,et al. The Chinese Spectral Radioheliograph—CSRH [J]. Earth,moon,and planets,2009,104(1—4):97-100.

[122] 王威,颜毅华,张坚,等. CSRH 阵列设计研究及馈源设计的初步考虑[J]. 天文研究与技术,2006,3:128-134.

[123] 梅盈. MUSER 海量数据预处理关键技术研究[D]. 昆明:昆明理工大学,2015:9-10.

[124] CARLSON J L. Redis in action[M]. Greenwich:Manning Publications,2013:1-61.

[125] WANG F,MEI Y,DENG H,et al. Distributed data-processing pipeline for Mingantu ultrawide spectral radioheliograph[J]. Publications of the astronomical society of the pacific,2015,127(950):383-396.

致 谢

值此本书完成之际，衷心地向所有指导、关心和帮助过我的老师、同学、朋友和亲人表示深深的感谢！

衷心感谢我的导师王锋教授！王锋教授为我的课题研究倾注了大量的心血，给我提供了很多课题研究的思路及具体的指导，没有王锋教授的悉心指导，我不可能如此顺利地完成我的学业，完成本书。在即将结束短暂而又漫长的博士求学生涯之际，我谨向王锋教授表示诚挚的感谢！王锋教授在课题研究上对我严格要求，培养了我实事求是、严谨的科研作风。王锋教授在生活上对我关怀备至，我将永远铭记在心。王锋教授教会了我生活和科研应有的态度和很多为人处世的道理，让我对待理想始终不忘初心，砥砺前行。

感谢向刚教授和许云红教授在本书的学科相关性、内容结构等方面给予的宝贵建议！

感谢邓辉教授、季凯帆研究员、戴伟博士、卫守林博士、刘应波博士、田薇博士、梅盈博士、杨秋萍博士等在课题研究上给予我的宝贵意见和在生活上给予我的帮助。

感谢昆明理工大学云南省计算机技术应用重点实验室和我并肩学习的师兄、师姐、同学、师弟、师妹，是你们一直激励着我努力工作，是你们营造了实验室温馨的氛围，是你们在我失落彷徨时鼓舞着我，感谢你们的陪伴。

感谢昆明理工大学管理与经济学院的柳广舒、何媛、王静等老师在本书写作过程中对我的鼎力相助。同时感谢昆明理工大学与我一路同行的2015届博士同学给予我的鼓舞和帮助。

特别要感谢的是我的父母、姐姐、姐夫、哥哥和嫂子！你们在生活上一直给予我不遗余力的支持和无微不至的关心，让我顺利而又坚定地完成了学业。

最后，对在百忙之中抽出时间审阅该书的各位专家表示衷心的感谢！